乡村振兴·农民培训精品教材

乡村振兴

政策与实践

李朋玉 康长胜 王艳霞 ◎主编

中国农业科学技术出版社

图书在版编目（CIP）数据

乡村振兴政策与实践／李朋玉，康长胜，王艳霞主编 . --北京：中国农业科学技术出版社，2021.4

ISBN 978-7-5116-5245-4

Ⅰ.①乡… Ⅱ.①李…②康…③王… Ⅲ.①农村-社会主义建设-研究-中国 Ⅳ.①F320.3

中国版本图书馆 CIP 数据核字（2021）第 049730 号

责任编辑	贺可香	
责任校对	马广洋	
责任印制	姜义伟	王思文

出 版 者	中国农业科学技术出版社
	北京市中关村南大街 12 号 邮编：100081
电 话	（010）82109194（编辑室） （010）82109702（发行部）
	（010）82109709（读者服务部）
传 真	（010）82109698
网 址	http：//www.CASTP.cn
经 销 者	各地新华书店
印 刷 者	河北鑫彩博图印刷有限公司
开 本	140 mm×203 mm 1/32
印 张	5.875
字 数	160 千字
版 次	2021 年 4 月第 1 版 2021 年 4 月第 1 次印刷
定 价	33.00 元

《乡村振兴政策与实践》
编 委 会

前　言

　　党的十九大从顶层设计开始把"三农"问题定位为"乡村振兴",事实上确立为国家重大战略。"乡村振兴"战略的实现也具体设定了三步目标:到 2020 年,乡村振兴取得重要进展,制度框架和政策体系基本形成;到 2035 年,乡村振兴取得决定性进展,农业农村现代化基本实现;到 2050 年,乡村全面振兴,"农业强、农村美、农民富"全面实现。

　　本书注重实用和实效,通俗易懂,对落实发展新理念、加快农业现代化、实现全面小康目标有一定的积极作用。本书可以作为新时代学习、贯彻、执行乡村振兴战略的参考读物,也可作为乡村干部和农民的培训教材。

编　者

目 录

产业兴旺篇

生态宜居篇

支持政策篇

产业兴旺篇

第一章　产业兴旺的概述

第一节　产业兴旺的内涵

乡村振兴，产业兴旺是重点。产业发展是激发乡村活力的基础所在，不仅要农业兴，更要百业旺。五谷丰登、六畜兴旺、三产深度融合，是乡村振兴的重要标志。要坚持质量兴农、绿色兴农，以农业供给侧结构性改革为主线，夯实农业生产能力基础，加快构建现代农业产业体系、生产体系、经营体系，建立健全农村一二三产业融合发展体系，统筹兼顾培育新型农业经营主体和扶持小农户，促进小农户和现代农业发展有机衔接，优化农业资源配置，着力促进农业节本增效，提高农业创新力、竞争力和全要素生产率。要充分挖掘乡村多种功能和价值，大力发展农村新产业新业态，鼓励在乡村地区兴办环境友好型企业。培育农业农村发展新动能，统筹利用国内国际两个资源、两个市场。

第二节　农业生产性服务业的含义

农业生产性服务业有广义和狭义之分。广义的农业生产性服务业跨度从田间到餐桌，是指为贯穿于农产品生产到食品进入老百姓餐桌全过程的生产经营提供服务的行为。而狭义的农业生产性服务业集中于农产品的生产过程，是指为从种到收的农业生产作业提供全部或部分生产经营服务的活动。可以将农业生产性服务业概括为：为农民从事农业生产经营提供方便、农民省心省钱省力气的产业。简而言之，通过服务，满足农户三方面的需求：一是要省力。耕种防收太累人，要用机器代替人，让农民生产经营省力气。二是要省钱。个人分散购买化肥、农药量少，价格高；农户自购农机，使用不经济、利用不充分。集中采购、集中作业，帮助农民更省钱。三是要省心。

第三节　夯实农业生产能力基础

深入实施"藏粮于地、藏粮于技"战略，严守 18 亿亩*耕地红线，确保国家粮食安全。全面落实永久基本农田特殊保护制度，加快划定和建设粮食生产功能区、重要农产品生产保护区，完善支持政策。大规模推进农村土地整治和高标准农田建设，稳步提升耕地质量。加强农田水利建设。实施国家农业节水行动，加快灌区续建配套与现代化改造，推进小型农田水利设施达标提质。加快建设国家农业科技创新体系。深化农业科技成果转化和推广应用改革。加快发展现代农作物、畜禽、水产、林木种业。推进我国农机装备产业转型升级，加强科研机构、设备制造企业联合攻关。优化农业从业者结构，加快建设知识型、技能型、创新型农业经营者队伍。大力发展数字农业。

第四节　大力培育农业新型经营主体

一是要发挥新型农业经营主体对普通农户的辐射带动作用，

---

*　1 亩 ≈ 667 平方米，全书同

推进家庭经营、集体经营、合作经营、企业经营共同发展。

二是要运用市场的办法推进生产要素向新型农业经营主体优化配置，发挥政策引导作用，优化存量、倾斜增量，撬动更多社会资本投向农业，既扶优扶强，又不"垒大户"，既积极支持，又不搞"大呼隆"，为新型农业经营主体发展创造公平的市场环境。

三是要充分发挥农民首创精神，不断创新经营组织形式，重点支持新型农业经营主体发展绿色农业、生态农业、循环农业，率先实施标准化生产、品牌化营销、一二三产业融合。

第五节　农业生产性服务业的内容

一、农业生产性服务业的内容

要聚焦帮助普通农户和新型农业经营主体，提供五个方面的服务。

一是农业市场信息服务。围绕农户生产经营决策需要，健全市场信息采集、分析和发布的服务体系，用市场信息引导农户按市场需求调整安排生产经营活动，规避市场风险，帮助农户提升对市场的判断和预期能力。

二是农资供应服务。为农民选用种子、购买化肥、农药提供服务，特别是提供生产资料的连锁经营、集中配送服务，帮助农民节约生产开支。

三是农业技术服务。鼓励各类服务组织开展不同作业环节的技术指导，帮助农户提高生产经营效益，实现绿色发展。

四是农机作业服务。这是当前农业生产性服务业的重点。要促进农机作业服务由种植业向其他产业延伸，由田间作业向产前、产后拓展，形成总量适宜、布局合理、经济便捷、专业高效的农机服务新格局。

五是农产品营销服务。要帮助农户把产品卖出去，同时要卖出好价钱。既要重视传统的营销渠道，又要注重运用各种新平台、展会、嘉年华，线上线下开辟新的空间格局，实现产销有机衔接。

当前农业生产性服务业要特别关注绿色生产技术、废弃物资源化利用、品牌塑造、市场营销等方面的功能开发和拓展。

二、引导农业生产性服务业健康发展

发展农业生产性服务业，要着眼满足普通农户和新型经营主体的生产经营需要，立足服务农业生产产前、产中、产后全过程，充分发挥公益性服务机构的引领带动作用，重点发展农业经营性服务，包括农业市场信息服务、农资供应服务、农业绿色生产技术服务、农业废弃物资源化利用服务、农机作业及维修服务、农产品初加工服务、农产品营销服务等。大力培育服务组织，推动服务主体联合融合发展，推进专项服务与综合服务协调发展，推广农业生产托管，探索创新农业技术推广服务机制。

第二章 产业组织振兴

习近平总书记在党的十九大报告中做出了实施乡村振兴战略的重大决策部署，并将巩固和完善农村基本经营制度和构建现代农业产业体系、生产体系、经营体系等作为其重要内容。2017年，中共中央办公厅、国务院办公厅印发的《关于加快构建政策体系培育新型农业经营主体的意见》（中办发〔2017〕38号）指出，在坚持家庭承包经营基础上，培育从事农业生产和服务的新型农业经营主体是关系我国农业现代化的重大战略。家庭农场、农民合作社和农业产业化龙头企业（以下简称龙头企业）作为新型农业经营主体的重要组成部分，是构建现代农业产业体系、生产体系、经营体系的重要参与者、贡献者和引领者，也是推进农业产业化经营、健全农业社会化服务体系的积极践行者乃至引领者。长期以来，在推进农业产业化经营的实践中，龙头企业更是中坚力量，不同程度地发挥着"领头羊"的作用。但是，龙头企业、农民合作社和家庭农场的作用往往有所不同，各有其比较优势和相对劣势。尽管在不同类型地区，龙头企业和农民合作社、家庭农场的相对地位和实际作用可能有所不同，但就总体而言，龙头企业、农民合作社、家庭农场的功能作用往往是其他组织甚至其相互之间难以完全替代的。促进新型农业经营主体多元共生发展，有利于更好地完善不同类型新型农业经营主体之间各展其长、竞争合作、优势互补的发展格局；有利于更好地发挥龙头企业的引领和带动作用，引导新型农业经营主体健康发展，加快培育以农户家庭经营为基础、合作与联合为纽带、社会化服务为支撑的立体式复合型现代农业经营体系。这对于更好地实施乡村振兴战略，更好地推进农业供给侧结构性改革和农业产业化转型升级，具有重要意义。鉴于此，本章力图科学厘清龙头企业或农民合作社、家庭农场的功能定位和比较优势，客观研判完善新型农业经营体系的战略取向和政策方向。

第一节　家庭农场和普通农户

一、家庭经营作为农业经营主导形式的必要性

乡村振兴要多条腿走路，多方面齐抓共进，才能达到最终目的。其中家庭农场作为一种农民致富新模式，已经在全国各地逐步展开试点。

那么什么是家庭农场呢？2013 年中央一号文件就提出了家庭农场的概念，是指以家庭成员为主要劳动力，经营土地有一定的规模要求，以农业收入为家庭主要收入来源的生产组织，相当于商业经营中的个体户。而农业合作社则是要求 5 户以上农民共同参与的生产组织。

家庭农场的基本特征，简单地说，就是有一定土地规模的农民，但是这个具体的规模各试点不尽相同，不过要高于自己所拥有的土地数量，例如几十亩、几百亩都可以，平时主要以自己经营为主，农忙时节可以临时雇一些人。这种形式的种植、养殖户，即可以申请注册家庭农场。

目前来看，比较适合办家庭农场的人群，第一，是有一定经济基础的农户和家庭。第二，是专注于农业生产，希望通过扩大自己个人规模而获得收入的人。第三，热爱农耕生活，踏实并能吃苦，愿意自食其力、劳动致富的人。

以前，土地是以户为单位，每户有几块自己的耕地，大型农机用不上，收入又不足以维持家庭开支，因此大部分农民的

选择是边种地边打工。而家庭农场，则是以一户一片地的模式，采用大型农机设备，集中科学化管理，让农民能专心投入到农业生产活动中，既有收入上的保障，又能最大效率地提高产量，还能解决一部分农民的工作问题，带动周边村邻的收入。

不管是种植还是养殖，一旦形成规模运作，风险就会成倍增加，一个普通农民来运作家庭农场，进行土地流转甚至是贷款经营，风险很大。以目前我国农民的农业种养殖技术来讲，普遍都比较弱。原来陈旧的种养殖模式，很难在产量上有大的提升，而且应对病虫害和自然灾害的能力也很差，往往因为某一种原因就会造成大面积的减产，甚至绝产，如果按照以前的思路来做，风险就太高了。

家庭农场的人才培养已经开始作为新型农民培训的一个重点来操作。首先是鼓励引导大学生回乡发展、引凤还巢，将先进的技术带回农村。其次，在各地举办农民培训班，为农民提供一个培训学习的机会，不仅要讲解农业种养殖技术，还要指导农民如何运用互联网来获取资讯和知识。这样就可以有效地降低运作风险，同时还有农业保险等项目可以充当家庭农场生产发展的保护伞。

目前还有的地区，政府为农民创办家庭农场积极寻找贷款资金，帮助家庭农场树立自己的品牌，支持家庭农场采取产销对接的方式，与超市、农产品批发市场进行对接等一系列的措施，既为家庭农场厘清了发展思路，同时又规范和引导了家庭农场的发展方向。当然作为主体，农民朋友更应该加强自己的专业学习，尽快成为一名合格的职业农民。

随着家庭农场的进一步发展，它将会发展成为集生态种养、产业孵化、示范推广、产业脱贫、科普培训、旅游观光、农事体验等多功能于一体的"田园综合体"模式。也就是说农民的收入将更加多元化，也同时建立了互助、互通、交流的信息化渠道，以便吸引更多的外来资金流向农村发展。

中国地大物博，虽然各地区农民所面对的自然条件、生活条件差距很大，但家乡的特点不同，要善于发现这些特点，并将之转化成优势，打造适合自己的农业生产模式，以点到面，以小见大，逐步将示范性家庭农场发展成为扩大化的农业合作社，为农村发展起到龙头带动作用。

当农民们有了稳定收入以后，他们对于创建美丽乡村的态度，就会从抗拒变为主动参与，就会放弃外出打工，而变成精心料理自己的家园。当你的家乡绿了，环境美了，景色宜人了，虫鸣鸟叫，就一定会吸引更多的人来旅游住宿。一条路走通了，农民就会真正富起来了。所以不要把思维局限到种粮收粮，一定要因地制宜，打造自己独特的家庭农场模式，这才是乡村振兴破局的基本点。

二、家庭农场对普通农户的超越提升及相关政策支持

实践表明，相对于"小而全""小而散"的农户家庭经营，家庭农场的发展，有利于在继承农户家庭经营合理内核的基础上，吸收企业经营的优势，锤炼农户带头人的企业家素质和参与分工协作的能力，成为发展现代农业的骨干力量。发展家庭农场，还有利于促进农业的专业化、规模化、集约化和商品化，有利于现代农业科技的普及和农业业态、商业模式、经营方式的创新，进而提高农业的土地生产率、劳动生产率和资源利用率，是发展农业适度规模经营、加快转变农业发展方式的先行者。相对于"小而全""小而散"的普通农户，由于农业经营规模较大、专业化和商品化程度较高，且其资金实力和经营管理能力较强，对外联系网络较为发达，许多家庭农场往往还具有较强的面向周边农户提供农业生产性服务的能力，如农机服务、植保服务、市场营销服务、农业生产资料统购分销服务等。有些家庭农场在面向农户提供农业生产性服务的过程中，还经历

了由"兼业"提供服务向"专业"提供服务的转变，甚至逐步成长为区域性的农业生产性服务业专业化供应商或农业生产性服务综合集成商。相对于投资农业的工商资本和农业产业化龙头企业等，特别是外部植入型的新型农业经营主体，主要通过推进农户之间的土地流转发展家庭农场，不仅有利于农村乡土文化的传承、生态环境和生物多样性保护，还可以维护粮食安全和农村社会的稳定。此类家庭农场，由于本土根植性较强，社区亲和性较足，还容易成为普通农户发展现代农业的"领路人"，具有重要的示范带动效应。

2014年2月24日印发的农业部《关于促进家庭农场发展的指导意见》（农经发〔2014〕1号）提出，家庭农场经营者主要是农民或其他长期从事农业生产的人员，主要依靠家庭成员而不是依靠雇工从事生产经营活动；家庭农场专门从事农业，主要进行种养业专业化生产；以农户家庭成员为主要劳动力，以农业经营收入为主要收入来源；家庭农场经营规模适度，种养规模与家庭成员的劳动生产能力和经营管理能力相适应，符合当地确定的规模经营标准，收入水平能与当地城镇居民相当，实现较高的土地生产率、劳动生产率和资源利用率。随着实践的发展，前述农业部对家庭农场基本特征的界定，在部分地区已经局部有所突破。如在有的地区，只要是以家庭为单位兴办的农场，无论其经营者是农民还是长期从事农业生产的人员，也无论其是主要依靠家庭成员还是依靠雇工从事生产经营活动，均将其称作家庭农场。前者很容易导致将家庭农场的边界扩大到工商资本或市民投资农业兴办的农场，后者则容易导致将公司农场硬性"塞进"家庭农场的"口袋"，从而稀释家庭农场的独特性和比较优势。

第二节　农民合作社

一、农民合作社在乡村振兴中的作用

农民专业合作社是指在农村家庭承包经营基础上，农产品的生产经营者或者农业生产经营服务的提供者、利用者，自愿联合、民主管理的互助性经济组织。农民专业合作社有助于提高农民之间的互动互助，可有效打破农产品和市场之间的隔阂，将农村家庭分产分销和市场经济连接在一起，促进农村经济的市场化发展。农民专业合作社加速了农村的改革、提高了农民的经济收入、加快了农村经济的发展。

（一）农民专业合作社有助于培育新型农业经营主体

党的十九大报告提出，实施乡村振兴战略，要坚持农业农村优先发展，按照产业兴旺、生态宜居、乡风文明、治理有效、生活富裕的总要求，建立健全城乡融合发展体制机制和政策体系，加快推进农业农村现代化。构建现代农业产业体系、生产体系、经营体系，完善农业支持保护制度，发展多种形式适度规模经营，培育新型农业经营主体，健全农业社会化服务体系，实现小农户和现代农业发展有机衔接。

据原国家工商总局统计，全国农民专业合作社的数量已达193.3万家，入合作社农户超过了1亿户，农民专业合作社已成为重要的新型农业经营主体和现代农业建设的中坚力量。通过政策支持、相关部门指导帮扶和企业积极参与，农民专业合作社有力地推动了农业专业化生产，大幅提高了农业生产效率。同时，其合作水平也逐步提高。据相关统计，2016年超过半数的合作社提供产加销一体化服务，服务总值达11 044亿元；通过共同出资、共创品牌、共享利益等方式组建联合社7 200多家。

在农民专业合作社的示范作用下，农业产业链得以延伸，让农村产业更好地与市场对接。以山西省新绛县农村经济管理中心为例，在有机蔬菜农民专业合作社的带领下，农民不断研发新产品、培育优良品种，同时该中心还组织合作社参加"山西精品年货节"，将新绛县的有机蔬菜推广出去，带动了新绛县的农业发展，推动了新绛县的经济发展。

（二）农民专业合作社有助于促进农村经济发展

1. 提高农业产量和质量，增加农民收入

要推动农业经济发展，需要促进农村一二三产业的融合发展，支持和鼓励农民就业创业，拓宽增收渠道。

农民专业合作社形成了生产、加工、运输、销售、服务的一体化产业链，开辟了一条适合我国农村产业融合发展的路径。

农民专业合作社能够充分发挥竞争优势，实现更大程度上的增产增收。其可以为农民提供一系列先进的农业生产技术，带领农民实现信息时代农业的机械化生产、机械化加工，实现农产品的最大化增收，推动农业经济的发展。

农民专业合作社有效解决了农民购买生产资料和销售农副产品的困难，农民通过这条产业链在购买环节中节省了很多不必要的成本、在销售渠道上节省了销售时间，大大提高了农民的经济收益。

农民专业合作社能够带领农民对农产品进行研发和创新，培育优良品种，有效提高农产品产量和质量，在解决农产品供给的同时增加农民的收入。

2. 强化农产品市场竞争力，推动农产品品牌发展

农民专业合作社以市场为导向，充分运用科学技术发展品牌性强的农产品。在激烈的市场竞争中，农民专业合作社要想得到更好的发展，必须从产品的质量和创新性入手，将当地农产品打造成质量过硬、具有鲜明特点的品牌产品，使其在市场

竞争中占据有利地位，从而达到提高农产品竞争力、增加销量和收入的效果。例如，山西新绛县盛产番茄，农民专业合作社建立了专业的番茄产业链，带领农民科学种植，创新出诸多番茄产品，提高了番茄销售率，打造出"番茄之乡"的品牌特色，提高了番茄的种植收益，促进了当地番茄产业的发展。

3. 实现资源和利益共享

农民专业合作社是一个互利互惠的组织机构，在这个组织中，需要管理层发挥管理能力，重塑经营理念，通过市场竞争优化资源配置，实现资源共享。

农民专业合作社建立在家庭联产承包制基础之上，是一种新型合作组织。其通过互助合作，利用先进的生产技术实现技术与资源的共享，促进国家、集体、个人三者的协同发展，实现经济利益最大化。

（三）农民专业合作社有助于推动乡村治理体系建设

党的十九大报告提出，加强农村基层基础工作，健全自治、法治、德治相结合的乡村治理体系。

作为互助性经济组织，农民专业合作社在很大程度上体现了人本理念，强化了农民之间的合作，对乡村治理体系建设具有相当巨大的推动作用。

各种农民专业合作社的发展不仅促进了农业产业结构的调整，还拓展了农村就业岗位和就业渠道，通过新的就业方式强化了农民之间的联系。农民专业合作社加强了农民与政府之间的紧密联系，让政府充分了解农民遇到的困难和农民的需求，同时也将最新政策传达给农民。农民专业合作社的建立不仅加强了干部与群众的联系，更是促进了农村的经济建设。农民专业合作社成为生产者和市场的重要纽带，成为社会发展的催化剂。

综上所述，农民专业合作社对增加农民收入、提高农产品产量和质量、促进农业经济发展都有着重要的推动作用。作为新型经营主体，农民专业合作社能够让农业更好地实现规模化、产业化，是推进农业农村现代化的重要手段。

二、利益相关者及其对农民合作社运行的影响

在农民合作社的利益相关者中，家庭农场和普通农户虽然都属于农户家庭经营，但家庭农场的作用往往明显大于普通农户。目前，在中国农民合作社的发展中，能人主导或带动型较多。而能够主导或带动农民合作社的"能人"主要有两类情况：一类是家庭农场或"潜在的"家庭农场带头人，这些"潜在的"家庭农场带头人可能属于普通农户中的"先进"分子，如科技示范户；另一类是工商资本、农产品经纪人或农产品/农资经销商。在家庭农场带动农民合作社的情况下，通常在一个农民合作社的成员中，家庭农场居于"少数"地位，普通农户处于明显"多数"。家庭农场与普通农户相比，大多经营规模较大，并在经济实力、经营素质、创新能力和营销网络等方面具有明显优势。家庭农场带头人更容易具备成为农民合作社带头人的"潜质"。通过发起、主导甚至参与农民合作社，家庭农场可望获得预期收益较高的"选择性激励"。在中国家庭农场主导或带动农民合作社的情况，与许多发达国家农民合作社初创期大农业生产经营者往往起主导作用的情况基本类似。在工商资本、农产品经纪人或农产品/农资经销商带动农民合作社的情况下，与普通农户相比，工商资本、农产品经纪人或农产品/农资经销商往往具有较强的资金实力、融资能力或市场网络优势，他们发起、主导或参与合作社也有获得较高收益的选择性激励。

但是，与工商资本、农产品经纪人或农产品/农资经销商带动农民合作社的情况相比，由于家庭农场带头人与作为合作社多数成员的普通农户之间往往具有较强的地缘、业缘、亲缘关系和更为紧密、长期的"相互作用"，家庭农场带动的农民合作

社往往能够更多地照顾普通农户的利益诉求，更多地带动普通农户"合作协同、互惠共赢"，更少发生"核心成员""捞一把就走"，或向作为一般成员的普通农户"转嫁风险"的行为。换句话说，相对于工商资本、农产品经纪人或农产品/农资经销商带动的农民合作社，在家庭农场带动的农民合作社中，合作社与普通农户之间更容易形成相对紧密和稳定的利益联结机制，更少会出现普通农户利益"被边缘化"的风险。当然，需要指出的是，在工商资本、农产品经纪人或农产品/农资经销商带动的农民合作社中，如果居于带动地位的工商资本、农产品经纪人或农产品/农资经销商属于本土化的经营主体或具有较强的社会责任意识，则在此类合作社中，同农户的利益联结机制接近于家庭农场带动的农民专业合作社。

在工商资本、农产品经纪人或农产品/农资经销商带动的农民合作社中，农业产业化龙头企业带动的农民合作社往往较为引人瞩目。龙头企业加入农民合作社，多为获得稳定优质和供给及时的农产品原料。近年来，农产品/食品质量安全问题日益受到政府乃至全社会的重视，推动龙头企业控制农产品原料供给。在此背景下，龙头企业的加入使合作社成员的基本原则（地位平等、报酬有限、盈余按交易额返还、不以营利为目的）和本质属性（社员所有、社员控制、社员基于使用服务而受益）容易受到冲击，推动合作社功能异化、农民利益走向边缘化。

三、农民合作社发展中的问题和完善方向

当前，在中国迅速发展起来的农民合作社，多为农民专业合作社。多数农民专业合作社在其取得积极成效的同时，其发展中的问题也逐步凸显起来。这些问题主要是规范发展和转型升级问题。许多地方农民专业合作社的发展，存在着较多的机会主义行为和急功近利倾向。对坚持合作社基本原

则采取实用主义的态度，"拿原则换进度""重数量轻质量"的问题比较突出，在培育社员的民主意识、合作态度等合作社文化和合作社企业家方面缺乏耐心，加剧了合作社功能的异化和弱化。2008年中共十七届三中全会通过的《中共中央关于推进农村改革发展若干重大问题的决定》提出，按照服务农民、进退自由、权利平等、管理民主的要求，扶持农民专业合作社加快发展，使之成为引领农民参与国内外市场竞争的现代农业经营组织。推进农民专业合作社规范发展，最根本的是要坚守农民合作社的原则和底线，将加强外部监管与优化内部治理有效结合起来。许多地方农民专业合作社规模小、层次低、功能弱、带头人素质不高、创新能力和辐射带动作用不强，一方面是因为其发展时间短，另一方面与农民专业合作社规范发展和转型升级滞后密切相关。

为克服农民专业合作社发展中的问题，许多地方的农民专业合作社基于优势互补、扬长避短原则，探索建立农民专业合作社联合社的路径。许多地方先行成功的经验表明，农民专业合作社联合社有利于增进农民专业合作社发展中的规模经济、范围经济和网络效应，更好地推进农业产业链的纵向一体化和横向一体化，增强合作社带动农户走向市场的能力，带动农民合作社转型升级。

从中国的实践来看，作为农民专业合作社联合社成员的除种养业合作社、土地股份合作社和农机、植保等农业服务合作社外，往往还有家庭农场、农业产业化龙头企业甚至与农民专业合作社联合社具有业务联系的农产品/农资经销企业。形成这种现象的主要原因大致有以下三个方面。第一，通过不同类型利益相关者的"联姻"和优势互补、供求衔接，有利于在不同类型利益相关者之间形成紧密的相互作用，培育相互之间互利共赢、风险共担的利益联结机制和社会责任意识，增强市场联系的稳定性、及时性。第二，通过不同类型利益相关者的优势互补和扬长避短，可以更好地打造农民专业合作社综合服务平台，更好地带动农民专业合作社转型升级。第三，通过吸引龙头企业或具有业务联系的农产品/农资经销企业加盟农民专业合作社联合社，弥补合作社带头人人力资本的不足；通过提升联合社带头人的企业家才能，更好地带动联合社及其成员提升整体素质。许多地方依托农民专业合作社联合社，激发生产、供销、金融合作的互动关系，为培育生产、供销和金融三位一体的综合合作创造了条件。近年来，在部分地区，农村信用社和农业保险成为农民专业合作社联合社的成员，加快了这种"三位一体"综合合作社的成长发育。

可以预料，未来中国农民合作社的发展也将呈现由高速增长阶段向高质量发展阶段的转变，与此相关将会出现两种趋势：一是农民专业合作社的规范发展和转型升级；二是农民专业合作社联合社的发展。在前一种趋势中，家庭农场的骨干作用将会进一步增强，家庭农场作为农民合作社带头人成长的"摇篮"作用也将进一步凸显。在后一种趋势中，家庭农场也将成为重要的参与者，但更多的家庭农场难以成为主角，只能发挥"绿叶托红花"的作用。在两种趋势中，龙头企业的适度参与，都有利于弥补农民合作社带头人才能不足的缺陷，有利于带动农民合作社转型升级；但龙头企业的参与一旦超出一定的"度"，就容易形成对合作社基本原则和本质属性的"侵犯"，导致农民合作社的功能异化或弱化。要解决这一问题，关键是要做好两个方面：一是坚守合作社原则和本质属性的底线，通过推进合作社规范化建设，引导合作社真正成为社员所有、社员控制、社员基于使用服务而受益的特殊法人类型，让合作社自助、民主、平等、公平和团结的核心价值观真正成为合作社社员的自觉行动；二是培育合作社文化，鼓励龙头企业成为参与合作社发展的带头人。当然，引导龙头企业增强社会责任意识和合作意识也是必要的。

第三节　龙头企业

一、龙头企业的功能作用

近年来，我国农业产业化发展迅速，有效地带动了农业发展方式转变和农业产业链质量、效益、竞争力的提升，也为提高农业组织化程度、促进农民增收做出了重要贡献。其中龙头企业功不可没。就总体而言，龙头企业不仅是带动农民增收的中坚力量，也是按照规模化、集约化、组织化方式引导农民、帮扶农民、提升农民的骨干力量。龙头企业不仅是新型农业经营主体中的"精锐部队"，也是加快转变农业发展方式、推进农业绿色发展的"开路先锋"。截至 2016 年 10 月，农业部公布的第七次监测合格的农业产业化国家重点龙头企业已达 1 131 个，省级、地（市）级龙头企业数量更多。

在许多农业产业化联合体中，龙头企业、家庭农场、农民合作社优势互补、各展其长，农村一二三产业融合互动、协力提升，龙头企业凭借对资金、信息、品牌、关键技术、营销网络、高端服务等的控制力，在很大程度上决定了整个产业链的竞争力、供应链的协调性和价值链的高度，也决定着产业链、供应链的创新能力，甚至影响无效供给能否转化、能在多大程度上转化为有效供给。道理很简单，如果龙头企业的市场开拓能力比较强，家庭农场生产的农产品就能通过龙头企业找到更有附加值的销路。龙头企业对整个农业产业化联合体的运行质量，往往具有家庭农场和农民合作社不可比拟的决定性影响。在多数较为成熟的农业产业化联合体中，龙头企业也不是唯我独尊的。其中龙头企业、家庭农场、合作社的权利义务、利益分配和行为规范，不仅受章程、契约等正式规则的约束，也会受到业缘、地缘文化等非正式规则的影响，是不同利益相关者行为互动和磨合的产物。

二、重视龙头企业的中坚作用，完善同合作社、家庭农场的发展关系

实施乡村振兴战略，"产业兴旺"居于首位。因此，发挥好龙头企业、农民合作社和家庭农场等新型农业经营主体的作用举足轻重。龙头企业的中坚作用，更应引起重视。要鼓励龙头企业、农民合作社和家庭农场成为推进农业结构战略性调整的排头兵，发挥农业创新驱动能力的生力军作用。将鼓励新型农业经营主体完善利益联结机制同增强社会责任意识有机结合起来，增强龙头企业、农民合作社和家庭农场对普通农户发展的引领带动功能。在此基础上，还需注意以下几点。

（一）支持龙头企业增强对农民合作社和家庭农场的提升带动能力

就总体而言，相对于家庭农场和农民合作社，多数龙头企业往往经营规模较大、发展理念先进、对外联系网络发达、跨产业链特征最为显著，且经济实力、资本运作能力较强，是现代农业经营体系中最具活力、最具规模化创新能力和产业链运作能力的经营主体，也是最有可能引领农村一二三产业融合发展的新型农业经营主体。从前述农业产业化联合体运行的经验来看，通过引导龙头企业增强社会责任意识，鼓励其成为农业产业链、供应链、价值链治理中的领导者和组织者，龙头企业在推进农业产业化的过程中可以主动作为，通过激发家庭农场和农民合作社的合作意识，更好地完善利益共享、风险共担、合作协同、互惠共赢的利益联结机制。在推进现代农业产业体系、生产体系和经营体系建设中，要把鼓励龙头企业发挥领军作用作为重要导向。

就总体而言，龙头企业虽然具有较强的领军能力和较广的辐射带动能力，但其作用往往更多地具有外源性和表面化的特

点，交易成本较高。家庭农场和农民合作社同农户之间的亲和力较强，对农户的组织动员和榜样示范作用往往更为直接和深刻。基于业缘、地缘、甚至亲缘联系和更为紧密、长期的"相互作用"，家庭农场和农民合作社在同农户或社区关系上，往往更容易表现出较强的社会责任意识。但前述龙头企业的优势，往往正是家庭农场和农民合作社的劣势。要把支持龙头企业增强对农民合作社和家庭农场的提升带动能力，作为未来完善现代农业经营体系和农业产业化支持政策的重要方向，积极培育"龙头企业+农民合作社+农户"的发展格局。

（二）创新对新型农业经营主体的支持方式

龙头企业也好，农民合作社和家庭农场也罢，发展到一定阶段后，往往都面临规模小、层次低、功能弱、经营分散、同质性强等问题。因此，引导龙头企业、农民合作社、家庭农场各自之间和相互之间加强联合合作，将有利于促进其分类发展、分层发展和鼓励其优势互补、各展其长、完善竞合关系有机结合起来，更好地提升现代农业经营体系的整体效能，更好地激发龙头企业、农民合作社、家庭农场和普通农户之间的网络链接关系，增强对"实现小农户和现代农业发展有机衔接"的乘数效应。

顺应新型农业经营主体发展的需求，按照推进农业服务规模化、标准化、品质化发展的方向，加强面向新型农业经营主体的服务体系和服务能力建设，是完善新型农业经营主体支持政策的重要方向，也是健全农业社会化服务体系的重要政策内容。这有利于帮助家庭农场、农民合作社和龙头企业等更好地克服自身"解决不了""解决不好"或"难以经济合理解决"的问题。为此更要引导龙头企业加强面向农民合作社、家庭农场甚至龙头企业的服务体系建设。

近年来，农业产业化联合体、农业生产托管服务的发展，为龙头企业在现代农业经营体系建设中发挥领航者和组织者的作用提供了舞台，也为"实现小农户和现代农业发展有机衔接"开拓了渠道，对于深化农业供给侧结构性改革和推进农业产业化转型升级具有重要意义。有关部委已经出台了相关指导意见，要在加强典型示范和经验宣传的基础上，促进相关政策更好地落到实处，引导财政金融更好地向支持农业产业化联合体和农业生产托管倾斜。

三、龙头企业增强功能作用的新趋势

近年来，在构建现代农业产业体系、生产体系、经营体系和发展多种形式农业适度规模经营的过程中，特别是在培育新型农业经营主体、健全农业社会化服务体系的过程中，龙头企业已经成为重要的参与者、贡献者和引领者。如果引导得当，在上述过程中，龙头企业作为重要参与者、贡献者和引领者的作用将会更加突出，作为重要组织者的作用也会迅速突显，甚至可以成为完善农业产业化利益联结机制、促进农业发展由生产导向向消费导向转变的主动探索者。近年来，安徽、河北、宁夏回族自治区（以下简称宁夏）等地迅速崛起的农业产业化联合体的发展实践，已经对此提供了生动的注释。

四、龙头企业及其现行支持政策的局限性

任何一种组织的作用，都不是完美无缺的。客观地说，在带动农户参与农业产业化经营和农民增收的过程中，龙头企业也有其局限性。为适应环境变化，国家对龙头企业的支持政策也存在亟待转型的问题。具体来说，主要表现在以下三个方面：一是龙头企业与农户之间，在经营规模、资金实力、营销网络、产业链运作能力等方面差异较大，龙头企业直接带动农户从事农业产业化经营，往往存在较高的交易成本；龙头企业与农户之间不对等的谈判地位，容易导致对龙头企业的行为缺乏有效的制衡机制，也为龙头企业凭借其优势地位操纵价格提供了便

利。后者容易导致农户被推向农业产业化价值链分配的边缘地位。二是传统的农业产业化支持政策存在过度重视龙头企业做大做强的倾向，对于龙头企业强化社会责任意识、增强对农户的辐射带动作用重视不够。三是对龙头企业在现代农业产业体系、生产体系和经营体系建设中的领军作用重视不够，对龙头企业如何带动普通农户和家庭农场、农民合作社转型提升的相关政策支持不足。这些不足，也是未来农业产业化龙头企业转型提升的潜力所在。

第四节　龙头企业与农民合作社、家庭农场的协调发展

习近平总书记在党的十九大报告中明确提出实施乡村振兴战略，要求坚持农业农村优先发展、加快推进农业农村现代化，并把"产业兴旺"放在实施乡村振兴战略总要求的首位，提出了"实现小农户和现代农业发展有机衔接"的要求。

一、增强龙头企业、农民合作社和家庭农场对普通农户发展的引领作用

在推进农业结构战略性调整、增强农业创新驱动能力以及提高农业供给体系质量方面，龙头企业、农民合作社和家庭农场等新型农业经营主体自身"表现"再好，也只是"盆景"。只有发挥其对普通农户的引领带动作用，才能将"盆景"变"风景"，更好地带动农民增收，并增强普通农户参与现代农业发展和农业产业化经营的能力。因此，鼓励新型农业经营主体完善同农户的利益联结机制至关重要，这是"实现小农户和现代农业发展有机衔接"的重要基础工程。这也有利于将产业链、供应链、价值链等现代产业发展理念和组织方式引入农业，促进农业延伸产业链、打造供应链、提升价值链；有利于引导农业发展由生产导向转向

消费导向，进而提高农业供给体系的质量。《全国农业现代化规划（2016—2020年）》要求"以产业为依托，发展农业产业化，建设一批农村一二三产业融合先导区和农业产业化示范基地，推动农民合作社、家庭农场与龙头企业、配套服务组织集聚集群。以产权为依托，推进土地经营权入股发展农业产业化经营，通过'保底+分红'等形式增加农民收入"，在很大程度上也是为了更好地支持新型农业经营主体，完善同农户的利益联结机制。

鼓励龙头企业、农民合作社和家庭农场完善同农户的利益联结机制，要注意拓宽视野、创新思路，积极营造不同类型新型农业经营主体之间、新型农业经营主体与普通农户之间利益共享、风险共担、合作协同、互惠共赢新格局。基于前述当前龙头企业与农户利益联结方面的问题，要把增强同农户利益联结的稳定性和紧密性放在同等重要的地位，防止片面追求利益联结的紧密性，影响新型农业经营主体带动普通农户的惠及面和可持续性。要把鼓励新型农业经营主体带动普通农户增收与鼓励其带动普通农户增强参与现代农业发展和农业产业化经营的能力有机结合起来，实现"增收"与"提能"并重。将鼓励新型农业经营主体带动农民优先提升作为坚持农业农村优先发展的重要内容。新型农业经营主体带动农民优先提升的方式多种多样，通过积极参与农业社会化服务体系和农业生产性服务能力建设，推进向农业生产性服务主体转型，引导普通农户更好地加入农业分工协作网络，帮助普通农户更好地解决"方向不明、能力不足、效率不高"的问题。

要在鼓励完善同农户利益联结机制的同时，鼓励龙头企业、农民合作社和家庭农场等新型农业经营主体更好地增强社会责任意识，增强绿色发展、共享发展理念和带动普通农户的自觉性。对于外部植入型较强的农业产业化龙头企业，引导和督促其增强社会责任意识，更应是未来完善政策的方向。需要说明的是，鼓励新型农业经营主体多元化发展，不仅有利于拓展普通农户参与现代农业发展和农业产业化经营的路径，也有利于发挥家庭农场、农民合作社和龙头企业之间的相互制衡作用，更好地督促新型农业经营主体特别是龙头企业增强社会责任意识和对农户的辐射带动能力。

二、发挥农业创新驱动能力的生力军作用

相对于普通农户，家庭农场、农民合作社特别是农业产业化龙头企业往往经营理念先进、经营规模较大、融资能力和创新能力较强，具有熟悉市场、了解需求和对市场需求变化做出灵活反应的能力，更具有打造品牌、培育市场和参与农业产业链、供应链、价值链治理的潜能。在推进农业绿色发展和创新发展、农业供应链创新和农村一二三产业融合发展等方面，家庭农场、农民合作社特别是农业产业化龙头企业往往更具有紧迫感和自觉性，更具有引领和参与能力。要鼓励龙头企业、农民合作社和家庭农场发挥自身优势，成为推进农业结构战略性调整、增强农业创新驱动能力的率先探索者和实践者，在提高农业供给体系质量和推进农业产业化经营方面更好地发挥骨干作用。

三、鼓励联合合作，创新对新型农业经营主体的支持方式

龙头企业也好，农民合作社和家庭农场也罢，发展到一定阶段后，往往都面临规模小、层次低、功能弱、经营分散、同质性强等问题。因此，引导龙头企业、农民合作社、家庭农场各自之间和相互之间加强联合合作，将有利于促进其分类发展、分层发展和鼓励其优势互补、各展其长、完善竞合关系，更好地提升现代农业经营体系的整体效能，更好地激发龙头企业、农民合作社、家庭农场和普通农户之间的网络链接关系，增强对"实现小农户和现代农业发展有机衔接"的乘数效应。

顺应新型农业经营主体发展的需求，按照推进农业服务规

模化、标准化、品质化发展的方向，加强面向新型农业经营主体的服务体系和服务能力建设，也是完善新型农业经营主体支持政策的重要方向，是健全农业社会化服务体系的重要政策内容。这有利于帮助家庭农场、农民合作社和龙头企业等更好地克服当前发展中的问题。尤其是许多农民合作社和家庭农场的发展，存在自身"解决不了""解决不好"或"难以经济合理解决"的问题。为解决这些问题，引导支持龙头企业加强面向农民合作社、家庭农场甚至龙头企业的服务体系建设。2017年中央一号文件要求"以规模化种养基地为基础，依托农业产业化龙头企业带动，聚集现代生产要素，建设'生产+加工+科技'的现代农业产业园，发挥技术集成、产业融合、创业平台、核心辐射等功能作用""吸引龙头企业和科研机构建设运营产业园，发展设施农业、精准农业、精深加工、现代营销，带动新型农业经营主体和农户专业化、标准化、集约化生产，推动农业全环节升级、全链条增值"。

四、鼓励龙头企业在加强供应链管理和产业链"补短板"中发挥领袖作用

前文对龙头企业、农民合作社和家庭农场在带动农户发展现代农业、从事农业产业化经营等方面的优势、劣势进行了分析。基于这种分析，就总体而言，相对于家庭农场和农民合作社，多数龙头企业往往经营规模较大、发展理念先进、对外联系网络发达、跨产业链特征最为显著，且经济实力、资本运作能力较强，是现代农业经营体系中最具活力、最具规模化创新能力和产业链运作能力的经营主体，也是最有可能引领农村一二三产业融合发展的新型农业经营主体。从前述农业产业化联合体运行的经验来看，通过引导龙头企业增强社会责任意识，鼓励其成为农业产业链、供应链、价值链治理中的领导者和组织者，龙头企业在推进农业产业化过程中可以更加主动并有更

大作为。以此为基础，家庭农场和农民合作社可以成为龙头企业带动农户的"二传手"或"过渡带"。龙头企业通过组织家庭农场和农民合作社参与农业产业化经营，激发其合作意识，可以更好地完善龙头企业与家庭农场、农民合作社之间，家庭农场、农民合作社与普通农户之间利益共享、风险共担、合作协同、互惠共赢的利益联结机制。实施乡村振兴战略，如果龙头企业发挥积极参与特别是领军作用，很可能功效大增。只要注意方式方法，龙头企业也会在"实现小农户和现代农业发展有机衔接"方面有更大作为。

基于龙头企业的比较优势，龙头企业在加强供应链治理和产业链"补短板"中，也可以发挥更大作用。在许多地方农业产业链、供应链、价值链的运行中，存在明显的"断链"或"短板"环节，如农产品精深加工和仓储能力不足、农产品流通渠道不畅、农产品及其加工品缺乏品牌影响力等。解决这些环节的问题，对提高农业产业链或农业产业化供应体系的质量，可以取得事半功倍的效果。鼓励龙头企业在这些方面更好地发挥作用，也应是完善现代农业经营体系和农业产业化支持政策的重要方向。

第三章　巩固和完善农村基本经营制度

巩固和完善农村基本经营制度，是贯彻落实党的十九大精神、推进实施乡村振兴战略的一项重要制度安排，对于稳固农村生产关系、促进农业农村稳定发展都具有重大而深远的意义。

第一节　土地承包关系在第二轮承包到期后再延长三十年

习近平总书记在党的十九大报告中指出："保持土地承包关系稳定并长久不变，第二轮土地承包到期后再延长三十年。"这是党中央在实行家庭承包经营、承包地"三权分置"后，对农村土地经营制度作出的又一重大制度安排。农村实行以家庭承包经营为基础、统分结合的双层经营体制，是我国农村改革的重大成果，是党在农村的基本制度。

实践证明，这一制度符合我国国情和农业生产规律，具有广泛适应性和强大生命力。2023年以后，二轮土地承包将相继到期，到期后再延长承包期30年，有利于形成长期稳定的土地承包关系，激发农民群众增加农业投入、发展生产的积极性；有利于形成农村土地所有权、承包权、经营权"三权分置"格局，保护农民在土地经营权流转中的合法权益，发挥新型农业经营主体引领作用，把小农户逐步引入现代农业发展轨道，形成多种形式适度规模经营，推进农业现代化；有利于保护和实现进城农民的土地承包权益，促使有条件的农业人口放心落户城镇，推进农业转移人口市民化，加快形成城乡融合发展格局。

延长承包期30年，意味着在第二轮土地承包到期后30年内，土地集体所有、家庭承包经营的基本制度不会改变，集体经济组织成员依法承包集体土地的基本权利不会改变。

延长承包期30年，涉及广大农民群众切身利益，也涉及一些重大土地关系的确定。2019年中央一号文件明确要求落实农村土地承包关系稳定并长久不变政策，衔接落实好第二轮土地承包到期后再延长30年的政策，让农民吃上长效"定心丸"。目前，各有关部门正在抓紧研究制定落实方案。总的原则是，农村集体所有的土地制度不会改变，农民对土地的承包关系不会改变，农民已经承包的土地不能随便调整。这次土地延包将坚持土地农民集体所有，坚持土地承包关系长久稳定，尊重农民意愿和主体地位，顺应推进农业现代化，维护农村社会稳定。

第二节　全面完成土地承包经营权确权登记颁证工作

农村土地承包经营权确权登记颁证是一项重要的基础性工作。党的十七届三中全会《中共中央关于推进农村改革发展若干重大问题的决定》提出，要搞好农村土地确权、登记、颁证工作。2009年中央一号文件进一步明确，做好集体土地所有权确权登记颁证工作，将权属落实到法定行使所有权的集体组织；稳步开展土地承包经营权登记试点，把承包地块的面积、空间位置和权属证书落实到农户。随后多个中央一号文件又进行了具体部署。中央要求，力争2018年年底基本完成农村承包地确权登记颁证，形成承包合同网签管理系统，健全承包合同取得权利、登记记载权利、证书证明权利的确权登记制度。2019年中央一号文件指出，要全面完成土地承包经营权确权登记颁证工作，实现承包土地信息联通共享。

通过农村土地承包经营权确权登记颁证，可以起到三方面作用：第一，摸清承包地底数，基本解决各地承包地地块面积不准、四至不清等历史遗留问题，既让农户感觉心里踏实，又有利于化解农村土地承包纠纷。第二，保护农民在土地经营权流转中的合法权利。确权登记之后，农村土地承包经营权可以通过农村土地流转平台进行发布，实现承包土地信息互通，实现流转和规模经营，农民权利可以得到更好的保护。第三，确权登记颁证有利于土地相关权利取得融资担保，让金融更好地服务于农业生产。

第三节　完善农村承包地"三权分置"制度

2018 年中央一号文件要求，完善农村承包地"三权分置"制度，在依法保护集体土地所有权和农户承包权前提下，平等保护土地经营权。当前，随着工业化、城镇化深入推进，农村劳动力大量进入城镇就业，相当一部分农户将土地流转给他人经营，家家包地、户户务农的局面发生变化，催生了大量新型经营主体，形成了集体拥有所有权、农户享有承包权、经营主体行使经营权的新格局。在保护集体所有权、农户承包权的基础上，平等地保护土地经营权，赋予经营主体更加稳定的预期，成为发展现代农业的必然要求。

2019 年中央一号文件明确，农村承包土地经营权可以依法向金融机构融资担保、入股从事农业产业化经营。在依法保护集体土地所有权和农户承包权前提下，平等保护土地经营权，明确经营主体所享有的土地经营权的内涵和权能，这是"三权分置"的重要内容。一是明确土地经营权的内涵。依据现行法律规定和基层实践要求，土地经营权人对流转土地依法享有在一定期限内占有、耕作，并取得相应收益的权利。二是明确土地经营权的基本权能。经营主体有权使用流转土地自主从事农业生产经营并获得相应收益，有权在流转合同到期后按照同等条件优先续租承包土地，任何组织、个人不应妨碍经营主体行使合法权利等。三是明确土地经营权的扩展权能。经承包农户同意，经营主体可以依法依规改良土壤、提升地力，建设农业生产、附属、配套设施并按照合同约定获得合理补偿；流转土地被征收时，可以按照合同约定获得相应地上附着物及青苗补偿费。四是鼓励创新放活经营权的方式。鼓励采用土地股份合作、土地托管、代耕代种等方式，发展多种形式的适度规模经营。

第四节　实施新型农业经营主体培育工程

2019年中央一号文件指出，要实施新型农业经营主体培育工程，培育发展家庭农场、合作社、龙头企业、社会化服务组织和农业产业化联合体，发展多种形式适度规模经营。培育新型农业经营主体，健全农业社会化服务体系是实施乡村振兴战略的重要组成部分，是加快我国农业现代化建设的重要举措。2017年5月，中共中央办公厅、国务院办公厅印发《关于加快构建政策体系培育新型农业经营主体的意见》，要求不断提升新型农业经营主体适应市场能力和带动农民增收致富能力。

国家支持发展规模适度的农户家庭农场和种养大户，鼓励农民开展多种形式的合作与联合，依法组建农民合作社联合社。支持农业产业化龙头企业和农民合作社开展农产品加工流通和社会化服务，带动农户发展规模经营。培育多元化农业服务主体，探索建立农技指导、信用评价、保险推广、产品营销于一体的公益性、综合性农业公共服务组织。促进各类新型农业经营主体融合发展，培育和发展农业产业化联合体，鼓励建立产业协会和产业联盟。支持新型农业经营主体带动普通农户连片种植、规模饲养，并提供专业服务和生产托管等全程化服务，提升农业服务规模和水平。支持新型农业经营主体建设形成一批"一村一品、一县一业"等特色优势产业和乡村旅游基地，提高产业整体规模效益。引导新型农业经营主体多模式完善利益分享机制。进一步完善订单带动、利润返还、股份合作等新型农业经营主体与农户的利益联结机制，让农民成为现代农业发展的参与者、受益者，防止普通小农户被挤出、受损害。探索建立政府扶持资金既帮助新型农业经营主体提升竞争力，又增强其带动农户发展能力，让更多农户分享政策红利的有效机制。鼓励地方将新型农业经营主体带动农户数量和成效作为相关财政支农资金和项目审批、验收的重要依据。允许将财政资金特别是扶贫资金量化到农村集体经济组织和农户后，以自愿入股方式投入新型农业经营主体，让农户共享发展收益。

另外，随着家庭农场、农民合作社的蓬勃发展，农业产业化组织模式不断创新，形成了由核心龙头企业牵头、多个农民合作社和家庭农场参与、用服务和收益联成一体的农业产业化联合体形态。农业部等6部委联合印发《关于促进农业产业化联合体发展的指导意见》（农经发〔2017〕9号），对推动农业产业化联合体发展作出部署。农业产业化联合体是立足主导产业、追求共同经营目标，以龙头企业为引领、农民合作社为纽带、家庭农场为基础，各成员通过资金、技术、品牌、信息等要素融合渗透，形成比较稳定的长期合作关系的紧密型农业经营组织联盟。

下一步，要以"市场主导、农民自愿、民主合作、兴农富农"为原则，围绕推进农业供给侧结构性改革，以帮助农民、提高农民、富裕农民为目标，以发展现代农业为方向，以创新农业经营体制机制为动力，积极培育发展一批带农作用突出、综合竞争力强、稳定可持续发展的农业产业化联合体，成为引领我国农村一二三产业融合和现代农业建设的重要力量，为农业农村发展注入新动能。

第四章 农村一二三产业融合

近年来，中国农民增收形势不断呈现新的变化，农民增收的难度和局部减收的风险都在显著增加。与此同时，农村一二三产业融合发展（以下简称"农村产业融合"）迅速推进，不仅为加快农业发展方式转变提供新的路径，也为增加农民收入不断注入新的动能。在此背景下，研究促进农村一二三产业融合发展增加农民收入的难点和制约，并从战略和战术的结合上探讨促进农村一二三产业融合发展增加农民收入的思路和政策选择，对于实施乡村振兴战略具有重要意义。

第一节 农村产业融合主要模式

实践证明，推进农村产业融合是当前促进农民增收的"金钥匙"，也是培育农民增收能力的战略工程。农村产业融合通过促进农业延伸产业链、打造供应链、提升价值链，为发挥新型农业经营主体、新型农业服务主体对农民增收的带动作用提供了更高的平台，为拓展工商企业、社会资本带动农民增收的渠道提供了更多的机会，也为优质资源和创新要素进入农业、增强农业的创新能力提供了通道；为发挥新型城镇化对新农村建设的带动作用、拓展农业功能和促进农业与中高端市场、特色、细分市场对接提供了更多的接口。

一、农业产业链向后延伸型融合模式

以农业为基础，向农业产后加工、流通、餐饮、旅游等环节延伸，带动农产品多次增值和产业链、价值链升级。多表现为专业大户、家庭农场、农民合作社等本土根植型的新型农业经营主体发展农产品本地化加工、流通、餐饮和旅游等，对农民增收和周边农户参与农村产业融合的示范带动作用较为直接，农民主体地位较易得到体现，与此相关的农村产业融合项目往往比较容易"接地气"，容易带动农户增强参与农村产业融合发展的能力；但推进农村产业融合的理念创新和实际进展往往较慢，产业链、价值链升级面临的制约因素往往较多。农户发展农产品产地初加工、建设产地直销店和农家乐等乡村旅游也属此类。部分农产品加工企业建设农产品市场、发展农产品物流和流通销售；部分农户和新型农业经营主体推进种养加结合、发展循环经济，引发农业产业链、价值链重组，也属农业产业链向后延伸型融合模式。

二、农业产业链向前延伸型融合模式

依托农产品加工或流通企业，加强标准化农产品原料基地建设；或推进农产品流通企业发展农产品产地加工、农产品标准化种植，借此加强农产品/食品安全治理，强化农产品原料供应的数量、质量保障，增强农产品原料供给的及时性和稳定性。部分超市或大型零售商结合农业产业链向前延伸型融合，培育农产品自有品牌，创新商业模式，发展体验经济，还可以利用其资金和营销网络优势，更好地发现、凝聚、引导甚至激发消费需求，促进农业价值链升级，推动农业发展更好地实现由生产导向向消费导向的转变。农业产业链向前延伸型融合，多以外来型的龙头企业或工商资本为依托，往往有利于创新农村产业融合的理念，更好地对接消费需求，特别是中高端市场和特色、细分市场，促进产业链、价值链升级；也有利于对接资本市场、要素市场和产权市场，吸引资金、技术、人才、文化等创新要素参与农村产业融合，加快农村产业融合的进程。但在此模式下，容易形成龙头企业、工商资本主导农村产业融合的格局，导致农民日益丧失对农村产业融合的主导权和利益分享权，陷入农村产业融合利益分配的边缘地位。在此模式下，也容易形成农民对农村产业融合参与能力不适应的问题。因此，强化同农户的利益联结机制，增强龙头企业、工商资本对农民增收的带动能力，鼓励其引导农户在参与农村产业融合的过程中增强参与农村产业融合的能力，都是极其重要的。日本政府在推进农村"六次产业化"的过程中，更多地鼓励农业后向延伸，内生发育出农产品加工、流通业和休闲农业、乡村旅游，防止工商资本通过前向整合兼并、吞噬农业，防止农民对工商资本形成依附关系。

三、集聚集群型融合模式

依托农业产业化集群、现代农业园区或农产品加工、流通、服务企业集聚区，以农业产业化龙头企业或农业产业链核心企业为主导，以优势、特色农产品种养（示范）基地（产业带）为支撑，形成农业与农村第二、第三产业高度分工、空间叠合、网络链接、有机融合的发展格局，往往集约化程度高、经济效益好、对区域性农产品原料基地建设和农民群体性增收的辐射带动作用较为显著。

四、农业农村功能拓展型融合模式

通过发展休闲农业和乡村旅游等途径，激活农业农村的生活和生态功能，丰富农业农村的环保、科技、教育、文化、体验等内涵，转型提升农业的生产功能，通过创新农业或农产品供给，增强农业适应需求、引导需求、创造需求的能力，拓展农业的增值空间；甚至用经营文化、经营社区的理念，打造乡村旅游景点，培育特色化、个性化、体验化、品牌化或高端化的休闲农业和乡村旅游品牌，促进农业农村创新供给与城镇化新增需求有效对接。近年来，许多地方蓬勃发展的特色小镇和农家乐旅游当属此种模式。如浙江省部分村镇综合开发利用自然生态和田园景观、民俗风情文化、村居民舍甚至农业等特质资源，发展集农业观光、休闲度假、商务会谈、科普教育、健身养心、文化体验于一体的农家乐休闲旅游，形成类似薰衣草主题花园、佛堂开心谷、农业奇幻乐园等旅游产品。许多地方推进"桃树经济"向"桃花经济"的转变，发展"油菜花"等"花海"经济。近年来，北京市大力发展"沟域经济"，促进农民增收效果显著，也是这种模式的成功范例。许多山区、贫困地区长期以来经济发展缓慢，但生态环境优良，发展休闲农业和乡村旅游，促进了其生态资源向生态资产的转换，有效带动了农民增收，加速了精准脱贫的进程。

农业农村功能拓展型融合带动农民增收效果，在很大程度上取决于理念创新的程度和服务品质。单靠农民自身推进农业农村功能拓展型融合，往往面临观念保守、理念落后等制约，农户之间竞争有余、合作不足，也会影响区域品牌的打造和效益的提升。工商资本、龙头企业的介入有利于克服这方面的局限，但防范农民权益边缘化的重要性和紧迫性也会突出起来。

五、服务业引领支撑型融合模式

通过推进农业分工协作、加强政府购买公共服务、支持发展市场化的农业生产性服务组织等方式，引导农业服务外包，推动农业生产性服务业由重点领域、关键环节向覆盖全程、链接高效的农业生产性服务业网络转型；顺应专业大户、家庭农场、农民合作社等新型农业经营主体发展的需求，引导农业生产性服务业由主要面向小规模农户转向更多面向专业化、规模化、集约化的新型农业经营主体转型；引导工商资本投资发展农业生产性服务业，鼓励农资企业、农产品生产和加工企业向农业服务企业甚至农业产业链综合服务商转型，形成农业、农产品加工业与农业生产性服务业融合发展新格局，增强在现代农业产业体系建设和农业产业链运行中的引领支撑作用。农业生产性服务业引领支撑型融合有利于解决"谁来种地""如何种地"等问题，促进农业节本增效升级和降低风险，带动农民增收。许多地方通过发展农业会展经济和节庆活动带动农产品销售和品牌营销，推进农业供给与城市消费有效对接，促进农民增收。

六、"互联网+农业"或"农业+互联网"型融合模式

此种融合从本质上也属于服务业引领支撑型融合，但为突出"互联网+""+互联网"对推进农村产业融合的重要性，可将其单列。依托互联网或信息化技术，建设平台型企业，发展涉农平台型经济；或通过农产品电子商务，形成线上带动线下、线下支撑线上、电子商务带动实体经济的农村一二三产业融合发展模式，拓展农产品或农业加工品的市场销售空间，提升农产品或农业投入品的品牌效应和农业产业链的附加值。许多地区在发展设施农业和高端、品牌、特色农业的过程中，越来越重视这种方式。有些地区还结合优势、特色农产品产业带建设，加强同电子商务等平台合作，形成电子商务平台或"互联网+"带动优势特色农产品基地的发展格局。如安徽省芜湖市依托"三只松鼠"等20余家农业电子商务骨干企业，带动"果仓王国"等新兴农产品电商企业快速发展，推动了农产品线上销售的快速增加。潍坊市是全国农产品电子商务发展的先行者，近年来全市着力加强电子商务企业孵化基地建设，打造"中国农产品电子商务之都"，已形成企业独立投资、政府部门配合下的企业投资、小微企业和个人网店等运营模式，通过电商平台建

立的农产品销售网店已近万家。

推进"互联网+农业"或"农业+互联网"型融合，有利于创新农业发展理念、业态和商业模式，促进农业产业链技术创新及其与信息化的整合集成，发挥互联网对农业延伸产业链、打造供应链、提升价值链的乘数效应；也有利于更好地适应、引导和创造农业中高端需求，拓展农业市场空间，提升其价值增值能力，促进农民增收。但此种模式对参与者的素质要求较高，农产品物流等配套服务体系发展对其效益的影响较大，增强创新能力、规避同质竞争的重要性和紧迫性也日趋突出。此种模式能否有效带动农民增收，在很大程度上取决于平台型企业或者农产品电商能否同农户形成有效的利益联结。

第二节　农村产业融合主要组织形式

推进农村产业融合，组织是载体和依托。实践表明，越是推进农村产业融合做得好、带动农民增收效果显著的地方，农村产业融合的组织载体往往越具竞争力，同农户的利益联结机制越有效。在现实中，推进农村产业融合的主要组织形式可分为两类，即单一型组织和复合型组织。

一、单一型组织及其对农民增收的影响

参与农村产业融合的单一型组织大致有普通农户、专业大户和家庭农场、农民合作社、农业产业化龙头企业、非农企业和工商资本、平台型企业等。

（一）普通农户

在许多地方，农户是农村产业融合的重要参与者和受益者。农户从事农村产业融合活动，对相关农户增加收入的带动作用最为直接，但农户往往也是农村产业融合经营风险的直接承受者。在此背景下，参与农村产业融合对农民增收的影响很大程

度上取决于农户，特别是其主要决策者的经营理念、营销和市场开拓能力、资源动员和要素组织能力（以下合称决策者的经营能力），甚至农户实现和其他经营主体合作共赢的能力。但就总体而言，农户经营规模小、发展理念差，往往限制了其参与农村产业融合的选择空间；农户面临的基础设施和区域环境，对其参与农村产业融合、实现增收的效果也有较大制约。农户参与农村产业融合的主要受益者为参与农户，尽管对周边农户参与农村产业融合、增加农民收入也可能产生一定的辐射带动效应，但辐射带动的范围往往较为有限。辐射带动效应的强弱，主要取决于直接参与农户与辐射带动农户之间在推进农村产业融合方面的能力梯度。

（二）专业大户和家庭农场

专业大户和家庭农场是新型农业经营主体的重要组成部分，并日益成为推进农村产业融合的重要力量。从推进农村产业融合的角度来看，可以说专业大户和家庭农场是普通农户的升级版，其介入农村产业融合的深度和广度往往明显大于普通农户，实现自身增收和辐射带动周边农户增收的能力也明显强于普通农户。在参与农村产业融合的过程中，专业大户和家庭农场面临的局限类似于普通农户，只是程度不同而已。许多专业大户是农业分工分业日趋深化的产物，如现实中的农机专业户；也有一些农业生产性服务专业大户逐步转型为家庭农场。主要决策者的理念和经营能力，在很大程度上左右着专业大户、家庭农场推进农村产业融合、带动农民增收的效果。近年来，培育新型职业农民日益受到重视，很大程度上与此相关。

（三）农民合作社

近年来农民合作社发展很快，日益成为带动农户参与农村产业融合、促进农民增收的重要力量。真正意义上的农民合作社往往本土根植性和与农户之间的亲和力较强，同农户或农村社区之间具有较强的地缘甚至亲缘联系，容易同农户或农村社区之间形成紧密而直接的"相互作用"，带动农户参与农村产业融合、实现农民增收的效果较为显著和持续。在推进农村产业融合和发展现代农业的过程中，农机、植保等专业合作社和土地、资金等要素合作社的运行，对于缓解关键环节、重点要素供给的瓶颈约束还可以发挥重要的作用。但农民合作社发展到一定阶段后，合作社带头人的理念和经营能力容易成为其发展面临的瓶颈制约，合作社规模小、层次低、功能弱、抗风险能力不强等局限，不仅会限制其推进农村产业融合的选择空间，也容易妨碍其农村产业融合项目的提质增效升级，影响其对农户辐射带动效应的发挥。引导农民合作社走向联合、合作，借此促进功能互补、要素集聚、市场集成，日益成为推进农村产业融合的必然要求，这也有利于更好地发挥农村产业融合企业家的带动作用。

（四）农业产业化龙头企业

许多农业产业化龙头企业是推进农村产业融合的先行者，推进农村产业融合往往具有理念新、规模大、市场拓展和资源动员能力强等优势，对农户参与农村产业融合容易形成区域性、群体性的带动力，成为区域农村产业融合的领跑者。许多龙头企业通过"公司+农户""公司+基地+农户"等方式，带动农户参与农村产业融合，并向农户提供"统一供肥""统一供种"等"几统一"服务，成为农村产业融合的积极实践者。有些龙头企业或农民合作社面向现代农业的重点领域、关键环节，创新生产性服务供给，有效发挥了在现代农业产业体系建设中"补短板"的作用。但农户规模小、分散性强的特点，往往导致龙头企业直接带动农户的交易成本较高。农户相对于龙头企业在发展理念、经济实力、市场拓展和资源动员能力方面的巨大落差，往往容易导致农户与龙头企业之间缺乏亲和力，增加带动农户参与农村产业融合的困难；甚至加剧农村产业融合过程中农户权利边缘化的困境，影响龙头企业带动农民增收的效果及其可持续性。龙头企业社会责任意识和对产业链整合能力不强，特别是同农户的利益联结机制不完善，也容易加大食品安全治理和对接中高端市场的困难，增加农户权益被侵蚀的风险。龙头企业与农户之间亲和力不强，也容易导致双方容易因机会主义行为形成"毁约跳单"等诚信危机。许多农产品加工、流通企业虽未取得"农业产业化龙头企业"称号，但在推进农村产业融合方面，往往不同程度地具有龙头企业的上述"潜质"。

（五）非农企业和工商资本

近年来，随着工业化、信息化、城镇化和农业现代化的推进以及政府对农村产业融合政策支持程度的提高，非农企业和工商资本投资农村产业融合的热情迅速高涨。这些非农企业和工商资本多数经营理念较为先进，拥有人才、资本实力、市场网络等优势，但缺乏从事农业经营和投资的经验，容易出现对农业投资风险估计不足的问题。多数非农企业和工商资本缺乏同农村社区和农民的地缘、亲缘联系，本土根植性不强，在推进农村产业融合的过程中，容易产生同农户利益联结不紧密，甚至挤压农民权益的现象。有些非农企业和工商资本推进的农村产业融合活动缺乏农户参与，除通过土地流转为农户提供一定几年不变的土地流转收入、为农民提供务工机会外，与农户基本没有利益联结。在非农企业和工商资本中，IT企业或互联网平台型企业是一支较为独特的力量，在发展有机农业、开拓农业高端市场和特色细分市场以及拓展农产品线上销售渠道方面往往发挥特殊作用，对于创新农村产业融合的理念也会产生重要影响。

（六）平台型企业

平台型企业通过提供实体交易场所或虚拟交易空间整合资源和发展要素，吸引关联各方参与并组成新的经济生态系统；

通过发挥服务中介和服务支持作用集成市场，促成关联方交易和信息交换，形成核心竞争力和价值增值能力。以此为基础的平台经济往往具有双边市场性、集聚辐射性、共赢增值性和快速成长性等特点，在增强农业产业链的创新驱动能力、减少信息不对称和重构产业链、供应链、价值链，增强引导需求和创造需求的能力方面可以发挥重要的作用，是培育新产业、新业态、新模式的重要带动力量。

平台型企业通过发挥以下作用，往往成为农村产业融合提质增效升级的推进器。一是构建从餐桌到田间的产品需求信息流和标准体系，引导作为产业链、供应链参与者的生产者行为，培育消费导向的发展方式；二是有效整合科技、金融、物流、营销网络和政策资源，形成覆盖全程的要素流动和服务供给引导机制，带动优质资源和高级、专业性生产要素加快进入农业农村，整合集成城乡消费需求，增强产业链、供应链、价值链不同环节的协同性；三是推进以平台型企业为主导的产业生态治理和节本增效降险保障机制，形成覆盖全程、链接高效的产业链或价值链治理模式。如浙江安厨电子商务有限公司按照"电商平台+配送中心+合作社（基地、农户）"模式，推进订单农业，实现生鲜农产品"当天采摘，当天分拣，当天配送、当天食用"。一般而言，平台型企业的运行有利于延伸产业链、打造供应链、提升价值链，进而有利于农民增收。近年来，利用平台型企业的新型融合主体越来越多，但主要是家庭农场、专业大户、农民合作社、龙头企业等新型经营主体，普通农户直接利用平台型企业的难度较大。平台型企业的运行能否有效带动农民增收，一方面取决于在农户和平台型企业之间是否通过其他经营主体的参与，形成衔接有序的中间过渡带（以下简称中间参与型经营主体）；另一方面取决于在平台型企业—中间参与型经营主体—农户之间能否形成有效的利益联结机制，保证产业链增值的成果能够有效传导到普通农户。

二、复合型组织及其对农民增收的影响

在实践中，参与农村产业融合的经营组织多种多样，但往往都是由上述单一型组织通过不同的利益联结组合而成的。为叙述简便起见，我们可将其简称为复合型组织，如"公司+农户""合作社+农户""公司+合作社+农户""合作社+公司+农户""农民专业合作社联合社"，以及各具特色的行业协会、产业联盟等。这些复合型组织的产生，很大程度上正是为了实现不同类型组织的优势互补。有些复合型组织保持了相对稳定和紧密的形态，对推进农村产业融合、促进农民增收形成了日益广泛的影响，故在此选择部分复合型组织进行分析。

（一）现代农业产业化联合体

最先形成于安徽省宿州市，是顺应农业发展方式转变和推进农业产业化转型升级的需求，按照分工协作、优势互补、合作共赢原则形成的以农业产业化龙头企业为核心、农民合作社为纽带、专业大户和家庭农场为支撑，不同类型新型农业经营主体连接紧密的新型农业经营主体联盟，也是农产品生产、加工、流通、服务有机融合的重要组织形式。在现代农业产业化联合体内部，龙头企业、农民合作社、专业大户或家庭农场等新型农业经营主体均保持独立经营地位，但通过签订合同协议等方式，建立权责利益联盟关系，在平等、自愿、互利基础上实行一体化经营，培育联合体层面的规模经营优势。从安徽省等的实践来看，现代农业产业化联合体有利于促进农业产业链的节本增效和降低风险，也有利于提升农产品质量、加强食品安全治理和促进农民增收，带动农业价值链升级和农村产业融合发展。许多现代农业产业化联合体，需要在实践中逐步完善和规范。多数现代农业产业化联合体面临的一个突出问题是，农民合作社多为农机、病虫害统防统治等服务合作社，由于种养环节普通农户参与的合作社较少，因此带动的农户多为专业

大户或家庭农场，对普通农户的带动作用较为有限。其带动农民增收的效果主要惠及专业大户、家庭农场等，如何让带动农民增收的效果更好地惠及广大普通农户是个需要解决的问题。当然，已有一些现代农业产业化联合体尝试通过土地托管、为农户提供农业生产性服务或粮食银行服务等方式，带动普通农户增收。

（二）农业共营制

近年来发端于四川省崇州市的农业共营制日益引起各级政府的重视，其要义是构建"土地股份合作社+农业职业经理人+农业综合服务体系"的新型农业经营体系，借此破解农业生产经营中"谁来经营""谁来种地""谁来服务"的难题，规避"地碎、人少、钱散、服务缺"对发展现代农业的制约，推进农民职业化和农业规模经营的发展。农业共营制实现了六大"有机结合"，即把培育现代农业企业家（新型职业农民）、健全农业生产性服务体系和创新发展土地股份合作制有机结合，把稳定农户土地承包权与放活土地经营权有机结合，把发展农业生产规模经营与推进农业服务规模经营有机结合，把提高土地产出率与提高资源利用率、劳动生产率有机结合，把培育新型农业经营主体与带动普通农户参与现代农业发展有机结合，把构建新型农业经营体系与营造适宜现代农业发展的产业生态有机结合，实现不同利益相关者的共建共营和利益共享。农业共营制还为科技、人才、金融等高级要素与农业发展的对接提供了一个接口。因此，实行农业共营制是推进农村产业融合、加快农业发展方式转变的重要组织和制度创新，也是促进农民增收的重要组织形式。

但据尚旭东、韩洁（2016 年）的研究，农业共营制虽然兼顾了社员收益和职业经理人的预期收益，其短期成功效应却有其特殊的地域适用性和推广局限性，是以成都市作为改革试验区和巨额财政补贴等特殊优越条件作为后盾的，多数地区难以效仿复制。随着主要粮食品种价格形成机制改革和农业补贴政策转型的推进，特别是当前粮价下行压力的加大，其运行的可持续性正在受到侵蚀。职业经理人连年竞聘承诺增收压力的加大，也在形成推动其"非粮化"的压力。工商资本大规模流转土地后，因经营不善退地导致农户转出的土地无人接盘，是崇州市农业共营制形成的特殊背景；农业共营制更多适合于人多地少、适宜机械化生产且财政实力较强的平原地区，对土地股份合作制的过度扶持容易形成对家庭农场、专业大户发展的"挤出效应"。

（三）"村委会+合作社+关联企业+绿色品牌创建模式"

其基本特征是充分利用本土化的组织资源网络（如村委会、合作社），并与外来关联企业（如农资供应商）合作，按照现代农业发展理念，推进农业发展方式转变和农村产业融合发展。这种组织形式有利于形成对农民增收的区域性、群体性带动作用，防止问题地区、困难群体成为农民增收的"落伍者"，也有利于加强食品安全治理。按照这种组织形式，促进农村产业融合和农民增收的效果，在很大程度上取决于现有行政组织系统的理念创新和资源动员、要素组织、市场拓展能力，取决于能否按照开放、包容、共进的心态加强组织之间的联合合作，借此推进农村产业融合提档升级增效。在这种组织形式下，地方行政组织大包大揽也会妨碍新型农业经营主体、新型农业服务主体的成长发育及其对农民增收带动作用的发挥。

不同类型组织对于农民增收的影响往往有很大不同，也各有其优势、劣势。推进农村产业融合的组织形式选择应该坚持多元化的方针，注意因地制宜、扬长避短，引导不同类型组织通过公平竞争、分工协作，形成分层发展、分类发展、优势互补、网络链接新格局。

第五章 推进农业供给侧结构性改革，助力乡村振兴

牢固树立和践行"绿水青山就是金山银山"的理念，坚持尊重自然、顺应自然、保护自然，统筹山水林田湖草系统治理，加快转变生产生活方式，推动乡村生态振兴，建设生活环境整洁优美、生态系统稳定健康、人与自然和谐共生的生态宜居美丽乡村。

2017年的中央一号文件明确要求农业农村工作以推进农业供给侧结构性改革为主线，并就推进农业供给侧结构性改革的内涵进行了清晰界定，即在确保国家粮食安全的基础上，紧紧围绕市场需求变化，以增加农民收入、保障有效供给为主要目标，以提高农业供给质量为主攻方向，以体制改革和机制创新为根本途径，优化农业产业体系、生产体系、经营体系，提高土地生产率、资源利用率、劳动生产率，促进农业农村发展由过度依赖资源消耗、主要满足量的需求，向追求绿色生态可持续、更加注重满足质的需求转变。尤其是习近平总书记在党的十九大报告明确提出"以供给侧结构性改革为主线，推动经济发展质量变革、效率变革、动力变革，提高全要素生产率"，并就实施乡村振兴战略做出了重大决策部署。推进农业供给侧结构性改革是实施乡村振兴战略的重要内容。在此背景下，探讨推进农业供给侧结构性改革的重点和难点具有重要意义。鉴于科学理解推进农业供给侧结构性改革的深刻内涵，是准确辨识推进农业供给侧结构性改革重点、难点的重要基础，本章在探讨推进农业供给侧结构性改革的重点和难点前，先对如何准确

理解其深刻内涵进行探讨。

第一节　农业供给侧结构性改革的科学内涵和现实意义

40多年来，改革开放给我国农业带来巨大变化，粮食、蔬菜、水果、畜禽、水产品等农副产品供应充足，为国内市场提供了丰富的物质基础。但是，农业生产发展仍然不适应我国经济发展的新要求，不能适应大众消费者的消费变化，这主要反映在三个方面：一是粮食生产存在阶段性、结构性过剩，以玉米为例，不仅库存量消化时间较长，而且财政支出负担不小；二是农产品质量安全性不高，目前无公害农产品生产和检测尚未达到全覆盖程度，同时，无公害农产品需要向绿色有机农产品升级；三是我国农产品生产成本和销售价格上升过快，部分农产品售价甚至超过发达国家价格水平，影响了中低收入人群的生活消费。从供求关系分析，上述三个方面均在一定程度上抑制了有效需求，因此，需要对农业供给端进行改革，以扩大农产品的有效需求，实现农业供求更高层次的新平衡。

一、供给侧结构性改革的科学内涵

在世界金融危机冲击之后，中国经济已经走到了一个自身"潜在增长率"下降和"深层次矛盾"凸显对经济发展制约的新阶段。因此，寻求中国经济增长的可持续性，必须升华为"全面协调的科学发展观"和生产方式转型升级的路径，这样才能使中长期发展与有效激发、释放内生潜力与活力相结合，从而保证中国经济增长达到"增效、绿色、可持续"的目标。

一些学者提出了破解中国经济增长瓶颈的新思路。贾康认为，西方经济学（古典经济学、新古典经济学和凯恩斯主义经济学）虽然各自从不同的视角分析经济问题，并做出了相当的贡献，但是他们都在理论框架里假设了供给环境，然后主要强调的是需求端及其政策主张，都存在着忽视供给端、供给侧的共同问题。由于不同国家的学者所处的现实环境不同，例如，美国不像中国有不能回避的、需要转轨问题的客观需要，如果照搬西方经济学理论，自然而然地难以提升对供给侧的重视程度。再如，中国作为一个人口大国和经济快速增长的发展中国家，大众消费者的需求变化远快于发达国家，原有的供给方式、结构和产品变化较快，如果供给端的改革发展慢于需求端的增长变化，供求关系就易失衡。由此可见，我们必须结合中国的现实需要，以及国际的经验和启示，以更广阔的经济学理论视野，思考和探索中国特色经济学理论创新。

贾康等学者提出了有关供给侧结构性创新理论：第一，强调经济学基本框架需要强化供给侧的分析和认知，需要更加鲜明地提出"理论联系实际"的必要环境和创新取向。在经济学角度上，过去我们对于有效供给对需求引导方面的作用认识不足，应从供给能力在不同特征上的决定性这样一个视角，强调不同发展时代的划分和供给能力，以及与"供给能力形成"相关的制度供给问题。第二，强调现实问题而加强理论支撑的有效性和针对性。过去经济学所假设的"完全竞争"环境，虽然具有理论的启示意义，但毕竟离开现实经济较远。中国的现实经济比书本理论要复杂得多，而且现实经济推动理论创新，所以供给侧结构性研究就成为经济学创新的重要内容。第三，强调制度供给应该充分地引入供给侧分析，由此形成有机联系的一个认知体系。在供给端构建各种要素之间内在联系的通路，包括从"物"和"人"这两个视角，只有这样才能在更深的层次和更广的领域，解决制约经济发展的难点问题。

由问题导向提出中国经济学创新理论，这被称为新供给经济学，这种理论是强调以机制创新为切入点，以结构优化为侧重点，着力从供给端入手推动中国新一轮改革，有效化解"滞涨""中等收入陷阱"等潜在风险，力争形成中国经济可持续发展新模式。从深化改革要求出发，将供给侧结构性改革作为加快经济发展转型方式的重要组成内容。显而易见，中央提出供给侧结构性改革，既有客观的现实需要，又有经济学的理论支撑。从农业供给侧结构性改革来看，同样存在市场繁荣背后隐藏着的深层次问题，这不仅是农产品的结构性、阶段性过剩的简单调整，也是农业转型升级的系统性工程，是传统农业向现代农业转化过程中各种要素的科学配置，从这个意义上讲，农业供给侧结构性改革是一场深刻的思想变革和生产方式变革。

二、供给侧结构性改革的现实意义

供给侧结构性改革的现实意义是不言而喻的，即为了增加和扩大有效需求。从农业供给侧结构性改革来看，就是进一步拓展农产品消费需求，从而推动中国经济发展。农业供给侧结构性改革的现实意义，主要有以下两个方面。

一是改变玉米等粮食品种的阶段性、结构性过剩。经过连续 10 多年粮食增产，近年我国玉米库存高达 2.3 亿吨左右，加上每年新增玉米入库，需要用几年时间消化过多的玉米储备，并设法降至合理的库存量。从这个角度讲，调减国内玉米产量是迫在眉睫的任务。2016 年国家取消玉米粮食收储政策，实行市场收购和玉米种植补贴，增强市场化运作，应用市场方式调控玉米生产。虽然通过调整收购政策，降低国家收储玉米数量，但是这种政策调整并非易事，需要有进一步的改革措施配套，以解决深层次的农业供给侧问题。长期种植玉米的农民难以在短期调减，因为玉米种植相对比较简单，生产技术含量较低，除机械化收割等作业外，一名农民种植每亩玉米耗时3~4 天，以每户 6 亩地计算，一季玉米种植大约 20 天，其剩余时间可以外出务工或者农闲消遣。如果农民不种植玉米，改为种植其他农作物或从事畜牧生产，这需要地方政府积极引导农民调整种植结构，要求采取有实际效果的措施，包括农业技术培训、提供有市场需求的路径方式、出台农业结构转型的鼓励性政策等，而非简单地传达中央政府文件的方式。对于农民来说，调整农业生产结构，不仅需要学习和熟悉新技术，增加多方面的支出成本，而且需要承担一定的市场风险。在缺乏农业技术推广和农业生产组织化程度较低的条件下，对于中老年农民来说，改变其生产习惯和调整种植品种可能比较困难。由此可见，要真正解决玉米等阶段性、结构性过剩的问题，需要从思维方式、生产方式和组织方式等方面推动农业的全面转型升级，在此过程中农业供给侧结构性改革承担着重要的任务。

二是加快农业绿色转型提升农产品质量安全性。在农业供给不足的时期，中国人是将能否吃饱作为主要的衡量标准，还谈不上农产品质量标准，更谈不上绿色有机农产品。1998年中国农业综合生产能力迈上一个大台阶，中国农业生产能力从重点保证粮食生产，转向促进粮食和经济作物生产，这对改善中国人民的饮食消费和营养状况做出了历史性的贡献。近20年来，中国农业生产又迈进了一大步，同时，随着中国经济的快速发展和消费需求的增长，农业供给端不能满足消费新需求的矛盾显现。2016年12月召开的中央经济工作会议提出，要把增加绿色优质农产品的供给放在更加突出的位置。

第二节　推进农业供给侧结构性改革的重点

就总体而言，我国农业供给侧结构性改革面临着保护产能、优化结构、降低成本、补齐短版和修复生态的艰巨任务，不可能一蹴而就，必须有打持久战的充分准备。因此，当前推进农业供给侧结构性改革的当务之急应从以下五个方面实现重大突破。

一、强化农业经营体系建设

在农业老龄化矛盾不断加剧条件下，分散的小农户经营是不可能承担起农业供给端优化产业结构的重要任务的，必须全面创新农业经营体系，实现对农业转型升级的基础性制度支撑。首先，应在进一步深化土地三权分置改革基础上，加快培育种养大户、家庭农场、农民合作社等更稳定和更具规模理性的新型农业经营主体。其次，要通过健全培育体系、建立资格制度和完善支持政策，加大力度培养造就高素质的新型职业农民队伍。再次，应强化政策支持，进一步促进服务主体多元化、形式多样化、运行市场化，加快建立和完善与现代农业生产方式相适应的农业社会化服务体系。

二、优化农业支持政策

实施农业供给侧结构性改革要完成调结构、降成本、补短板等目标任务，无一例外地都必须适应新形势的重要变化，不断优化农业支持政策关键是要在两个重要方面实现突破。一方面是进一步优化财政投资体制，主要以新型经营主体为政策支持重点，通过制度创新提高财政支农政策的精准性和有效性，强化对重点领域和关键环节的政策支持力度。另一方面是建立和完善涉农资金整合平台，构建财政支农项目与新型经营主体的直接对接机制，有效提高财政资金投资效率。

三、调整粮食安全战略

保障粮食供给基本安全，是推进农业供给侧结构性改革必须坚持的底线。在新形势下，我国粮食安全压力会不断加大，粮食供求弱平衡和紧平衡将成为常态，以农户为主的"分散化"粮食安全保障模式将越来越难以为继。因此必须因势利导及时调整粮食安全战略，核心任务是以粮食优势产区为重点，以粮食专业大户、家庭农场、专业合作社为主体，主要依靠适度规模的规模优势和机械化替代人工的成本优势，实现向区域化的"集中式"粮食安全模式转换，由此完成我国粮食安全战略的重大调整。

四、全面实现农业绿色发展

优质农产品供给严重不足和农产品质量安全矛盾持续加剧，是我国推进农业供给侧结构性改革将长期面临的双重挑战。因此，必须以显著提升农业可持续发展能力为基本目标，全面实现农业绿色发展。重点是要大力拓展生态农业和循环农业等新的发展路径，实现保护与利用并重，兼顾保障优质农产品产出、确保农产品质量安全、优化农村生态功能的多元发展目标。应全面实施农业标准化战略，突出优质、安全、绿色导向，在提高农业资源利用效率、减少农业面源污染、健全农产品质量安全体系等方面实现重大突破。

五、进一步深化农村改革

我国推进农业供给侧结构性改革必须坚定不移地走深化改革之路，通过制度突破有效激发农业供给端的内生动力。一方面，要着力破除妨碍农业资源要素优化配置的体制障碍，加快农村土地"三权分置"改革和农村集体产权改革步伐，健全农村产权交易市场，促进农村资源要素实现更高效率和更高效益地优化配置。另一方面，应进一步深化农村金融和农业保险制度改革，不断创新产品，有效强化服务，探索构建与现代农业高投入、高风险特征相适应的新型农村金融和农业保险制度。

第三节 推进农业供给侧结构性改革的难点

一、中国农业供给侧结构性改革要解决的主要难题

(一) 农户经营规模小、产业化程度不高

当前，我国农户经营的规模普遍比较小，我国有 2.2 亿农户，每个农户经营的土地面积不足 0.6 公顷。新型农业现代化要求打造农业规模化经营，小规模经营对农业供给侧结构性改革造成严重阻碍。

农户生产规模小，同大型农业生产商相比产量低、质量差。农业生产规模小对市场的抗风险能力降低，无法通过有效的渠道与市场需求形成有效对接、良性互动，易陷入生产被动的局面，各地大宗农产品的滞销就是最好例证。

生产规模小主要因为农民生产较为分散，不能对耕地、劳动力等生产资料进行集中、科学、有效使用，这也暴露出当前农业的深层次问题。同时，小规模生产经营大大削弱了对农业生产统一引导、管理、监督工作开展的有效性，既不利于规范农业生产，也不利于农业产业化发展。

分散的种植、养殖、加工，难以构建一体化体制机制，不仅制约了农业的整体发展，也对农产品和农业生产资料加工品的物流发展造成阻碍。农业产业化发展是现代化农业的必由之路，产业化、规模化、集聚化、区域化、协同化发展都有本质的内在联系，将会关系农业的全面发展。农业产业化程度不高的表现如下所述。

一是农产品附加值不高，这是由于我国农户的农业市场经济思想比较落后，对农业相关的生产、管理、加工认识不足，未能和市场需求形成对接，缺少发现商机的能力。当前多数农户经营的农业种类比较单一，农产品的深加工不足，这也和乡

镇的规模化经营发展不足、科技含量低有关。

二是农业生产组织化程度低，这不仅制约了对农产品市场潜力的开发，也降低了大宗农产品的贸易竞争力，加剧农业生产的资源错配、浪费。同时，生产组织化程度低也加大了调控库存的难度，难以及时引导农产品市场健康发展。

三是农业产业链低端、不完整，当前农业产业链多数处于中低端，产品附加值低、质量差，各产业链条不完整，呈分割状态，各产业链条的对接也不科学、精准。同时，整个产业链的发展没有精准定位、科学开发、系统管理、全局统筹，这会影响农业供给侧结构的整体改革。

（二）农业科技力量不足，农户缺少专业知识

我国农业科技水平整体不高，特别是同发达国家相比，农业生产效率低、质量差，消耗资源多、浪费大，具体表现如下所述。

一是农业机械化水平不高，机械化大规模运作是当今世界农业发展的主流，我国农业发展确实在逐步走向机械化，但与国际水平相比仍有一定差距，各地区的机械化水平差异大，机械化装备的管理、使用、服务不到位，造成生产装备机械化的成本较高，多数农业小规模生产者难以常态化使用，农业机械装备的有效供给和现实需求不能平衡。

二是农业技术研发理念不科学、推广工作不到位。21 世纪以来，我国农业生产技术取得长足进步，有关农业生产的化肥、饲料、农药等技术的发展极大提高了产量和产能。但是，这种生产技术的发展是以追求产量提高、经济增收为指导理念，并未认真考虑生产效率、生产质量、环境污染、人体健康。同时，农业的技术推广并未得到有效开展，缺少现代化的手段和体系化构建。

三是农业科学技术成果转化率不高。当前，各级科研单位、院校都对农业生产进行了大量研究，但很多成果未能及时、有

效转化为实践技术，这不利于农业的集约、环保、可持续发展。与此同时，广大农户比较缺少现代化农业技术专业知识，如农产品的种植、养殖、培育、管理、加工、销售等，特别是在信息化时代下，农户对农业技术的掌握更为重要。由于对新的生产技术掌握不够、重视不足，广大农户往往按照传统的生产方式、思维惯性进行周而复始的低效生产，不仅难以提高经营收入，还加剧了对农业资源的消耗和浪费，这一点必须高度重视。

（三）农业基础设施建设落后、管理服务水平低

目前，我国农村基础设施建设整体依然落后，极大地削弱了农业供给侧结构性改革的基础力量、配套力量。

一是农村水利网络、农田灌溉等基础设施发展滞后。中央一直通过转移支付、专项资金予以扶持，地方政府也积极发挥作用，但是由于资金缺口大，存在结构性矛盾，对农田、水库、沟渠、堤坝等项目建设不到位，相关的配套工程也未能及时跟进。

二是农村道路交通建设依然存在不小缺口。由于我国发展的区域性差异，中西部地区的道路交通建设相对落后，特别是西部地区。中西部地区承担了大量的农业生产任务，道路交通关系着生产要素的流通、科学技术的传播、人力物力的输送，特别是在当今互联网、物联网高度发达的今天，显得尤为重要。

三是农村信息化建设落后。农业生产要想实现有效供给就必须同市场形成对接，及时掌握市场产品风向和消费导向，农业发展需要信息的沟通和传播，及时掌握先进知识、管理经验、品种特性等。当前，农村的电力、网络、通信等设施和农业现代化需求存在很大脱节，不利于农业供给侧结构性改革的推进。同时，地方政府对农业生产的合理引导、规范管理工作水平较低。未来，市场要在资源配置中发挥决定性作用，农业市场的动态、特点、需求必须要和农业生产形成有效对接，这就需要地方政府更好地发挥职能，及时为农户提供有效信息。但是，

当前地方政府主要采取的是农业生产科技培训，在农业市场化的发展引导方面角色缺位，缺少对农户进行产业化、规模化生产的引导，农业工作布局不系统、不具体，有关农业生产和发展的各项配套服务（种粮补贴、技术服务、机械维护等）不到位。

（四）农业资源趋向短缺，生态短板严重

当前我国农业面临的突出问题是产能透支，相当一部分农业产能是以牺牲生态环境为代价换取的，是不健康、不可持续的产能，包括以过量使用化肥、农药等现代投入品、严重超采地下水、侵占湿地、水土严重流失、利用污染土壤和影响食品质量安全为代价换取的产能。

大量化肥、农药的使用不仅降低了土地肥力，破坏了土壤的良性结构，而且对人体健康也造成损害。同时，我国土地资源不断减少，直接威胁耕地红线安全，在我国耕地资源构成中，优质耕地面积所占比例仅为 2.9%，长此以往，我国将面临严峻的粮食安全形势。

水资源无节制的开发使用不仅加剧了水污染，也极大浪费了资源，影响了农田水利的灌溉、蓄存、使用，更对城镇的安全用水造成威胁。这些均是由于对传统农业生产方式的可持续发展考虑不到位以及缺少整体、协调、均衡的发展理念造成的。

生产技术落后、资源消耗大、产品增收不足，这也充分暴露了传统农业发展中深层次的结构性矛盾、体制机制缺失、生产方式落后，进而资源配置错误、投入产出失衡、生态环境破坏，对农业可持续发展造成严重威胁。

可见，不合理的农业供给结构给资源环境带来巨大压力，造成资源错配问题加重、耕地质量下降、面源污染严重，脆弱的生态环境成为农业发展的突出短板，这些都是农业供给侧结构性改革必须努力破解的难题。

二、加快中国农业供给侧结构性改革的政策建议

（一）树立变革性、创新性、可持续性的现代化农业发展意识

农业供给侧结构性改革首先要具备变革性意识，农业发展中面临的问题从方方面面聚焦到了结构性矛盾，必须有敢于打破传统、更新思维的意识。如果不能从传统的生产理念、管理方式、经营方法上发现问题、解决问题，那么整个农业供给侧结构性改革将无法推进或偏离正确的航道。

要创新传统农业发展的制度、体制、机制，如科技推广体制、销售管理体制、市场信息披露机制、新物种的引入机制、财政投入和定价机制、农村建设和管理体系、城乡土地一体化流通机制等，这样才能保证农业的全方位、多领域共同发展。

例如，依靠营养液生长的水养技术和工艺种植农作物，该新技术使农作物脱离了对土壤的依赖。这些新技术、新方法不仅改变了农作物的生长条件、改变了传统农业具有的双重风险特征，也可以实现对农产品质量安全性的跨越式提高。

再者，在供给侧结构性改革中要具有系统性思维，从整体层面来看，"创新、协调、绿色、开放、共享"五大发展理念，为供给侧结构性改革之全局指明了系统化的思路，这也是农业供给侧结构性改革的顶层设计理念。

从具体层面来看，农业供给侧结构性改革涉及农业供给端的各个领域，纵向上逐级衔接、横向上相互交叉，每一个领域的变革都影响重大。要注重对各方面相互作用的研究分析，注重关联性，先易后难，一步步深入推进。

最后，农业发展要树立可持续理念，以往的重数量、轻质量、重利润、轻环保、重开发、轻管理的方式必然被淘汰，要走生产高效、质量增效、科技丰富、环保安全的可持续发展之路，全力推动农业现代化建设。

（二） 建立市场、政府、农户的一体化联动机制

深入推进农业供给侧结构性改革的重要内容之一就是建立健全与农业发展有关的体制机制。基于此，立足农业供给侧结构性改革之全局，必须建立市场、政府、农户的一体化联动机制，这将总揽农业发展各项事务，涵盖农业发展各个层面的衔接、各个维度的融合。

首先，社会市场经济发展变革对经济社会各项事业的发展提出了新要求，农业生产必须对市场经济的需求做出适应性、灵活性的调整和跟进。农业发展是市场经济中最基本的内容之一，对市场需求的不适应、与市场联系不密切往往会积累出结构性矛盾。在这一联动机制当中，市场内容涵盖国内市场、国外市场，包括市场信息披露、资源配置、要素流动、运行管理、产品价格、消费导向等各方面的专项管理。

其次，市场在农业资源配置中发挥决定性作用，这个市场并不是没有逻辑性、完全自由的，必须是在政府合理发挥管控职能的条件下运行。政府肩负着市场和农户之间的衔接任务，一方面给市场尽可能的发展空间，高效配置资源；另一方面对农户进行生产引导、发展规划、科技传输、信息披露、政策支持、配套服务等。所以，政府一定要更好地发挥作用，特别是围绕市场和农户的衔接有效开展工作。

最后，农户是农业经营主体，是保障农业生产发展的主体力量，对农户的培养要与时俱进。马克思指出，劳动首先是人和自然之间的过程，是人以自身的活动来引起、调整和控制人和自然之间的物质变换的过程。农业供给侧结构性矛盾要求农户必须具有一定的文化知识、科技水平，这也意味着从事农业生产的劳动呈现新特点，要打造新型农户。

因此，农业部印发的《"十三五"全国新型职业农民培育发展规划》（农科教发〔2017〕2号）明确提出：以提高农民、扶持农民、富裕农民为方向，以吸引年轻人务农、培养职业农民

为重点，通过培训提高一批、吸引发展一批、培育储备一批，加快构建一支有文化、懂技术、善经营、会管理的新型职业农民队伍。

而这个过程既需要市场的导向和考验，又需要政府的管理和支持，进而农户才能逐步走向知识型、技能型、专业型。因此，建立市场、政府、农户的一体化联动机制，实现相互之间动态衔接、制度结构、机制联动，是深入推动农业供给侧结构性改革的关键一步。

（三）加大农业资金投入力度、健全农产品定价形成机制

一是建立政府财政涉农资金逐步增长机制，中央政府和地方政府同步推进，完善"三农"专项资金的投入机制，保证"三农"工作的有效推进是促进农业发展的重要步骤。

二是继续加大农业补贴力度。以往的农业补贴缺乏针对性、精准性，未能很好实现促进农业发展的目标，广大农户的积极性并未得到充分调动，真正投身农业的农户并未得到可观实惠。因此，农业补贴要精准，特别是对种粮农民、种粮大户的支持。同时，要建立对粮食主产区的利益补偿机制，加大对农业装备机械的购置补偿力度和规范管理服务工作。

三是进一步落实和优化金融、贷款政策，深化农业金融体制改革，构建现代农业金融制度，充分考虑广大农户的现实需求，创新金融产品、优化金融服务、降低农户成本。

四是提高农业科技水平。结合现代化农业发展要求全方位构建农业科技推广体系，主要是农作物种植、畜禽类养殖、农业产业化发展、农产品深加工、农业信息技术使用、农产品质量检测和农业物流体系构建等内容。提高农业技术自主创新和科技成果转化率，加大对农业热点、难点问题的科技投入，注重厚植科技人才，改善科研人员待遇，激发精神力量。同时，注重科技成果转化，提高成果转化率，促进资源合理配置、有效使用。

五是健全农产品定价机制。充分发挥市场的定价作用，采取市场定价、定价和补贴分离的政策，当然这要充分考虑农产品的市场供求关系、产品的特性等因素，逐步健全农产品定价形成机制。

（四）注重发挥农业的多功能作用

农业主要有生产功能、生态功能、保障功能、教育功能、调节功能。发挥农业的多功能作用，就是将供给端的改革走向纵深。

一是农业生产功能。生产功能是农业最基本的内在功能，通过作物种植、禽类养殖、产品流通和加工等，农业在不同历史时期对不同阶段的生产需求均一定程度上得以满足和发展，这得益于农业的深入发展。当前的农业生产组织化发展、规模化经营、产业化发展导向也在逐渐发挥和扩大农业的生产功能。

二是农业生态功能。工业化以前，农业发展已经证明其自身的生态环保功能，能够自我消化、净化空气、调节气候。后来，随着现代文明的发展，农业生态功能往往被掩盖，也很大程度上造成人们对农业生态功能的忽略，进而加剧农业资源浪费、不合理开发、无节制使用。

三是农业保障功能。农业发展可以解决人民生存和发展的基本口粮问题，合理的农业发展不仅具有可持续性而且能够不断优化和升级。现代化的农业发展在保障人的生存和发展、国家自立、边疆稳定等方面意义重大，这是农业保障功能的有力证明。

四是农业教育功能。华夏文明的传承与农业关系重大，自古以来讲究"耕读传家"。农业发展历程就是传统文化不断汇聚、积累的过程。

五是农业调节功能。随着经济社会的深入发展，农业的调节功能逐渐显现。

一方面是缩小城乡差距、消融城乡一体化的隐形障碍促进了城乡之间的互动，如旅游、休闲农业的开发，城市消费者可以体验地方文化、乡村特色、回归自然，也给农户带来增收。

另一方面是农业发展促进工业化、信息化、城镇化之间的协同推进，有益于缓解、缩小相互之间的发展差距，因为农业具有基础性、全局性、灵活性。从农业供给侧着眼，对农业多功能进行分析，这些功能相互之间有内在的影响和联系。因此，要重视发挥农业的多功能作用，逐步挖掘和发挥其多功能的潜力和作用，全方位落实农业供给侧结构性改革思想，推动农业供给侧结构性改革全面、深入、高效开展。

生态宜居篇

第六章　山水林田湖草系统建设

2019 年中央一号文件提出，要统筹山水林田湖草系统治理，把山水林田湖草作为一个生命共同体，进行统一保护、统一修复。补齐生态短板，增强生态产品供给能力，实现乡村生态宜居，这对加快推进农业农村现代化意义重大而深远。

第一节　山水林田湖草系统治理

党的十八大以来，以习近平同志为核心的党中央高度重视绿色发展，将生态文明建设纳入"五位一体"总体布局和"四个全面"战略布局，首次把"美丽中国"作为生态文明建设的宏伟目标。绿色发展理念深入人心，加强生态文明建设成为普遍共识。生态文明建设带来了农业农村生产生活方式变革，推动了产业升级，也助推了"绿色革命"。

党的十九大报告指出，统筹山水林田湖草系统治理，实行最严格的生态环境保护制度，形成绿色发展方式和生活方式，坚定走生产发展、生活富裕、生态良好的文明发展道路。这把生态文明建设与广大群众的民生问题更加紧密地联系在了一起，对乡村生态文明道路提出了具体要求。随着中国特色社会主义进入新时代，乡村生态文明建设面临新形势、新任务、新要求。

长期以来，为解决农产品总量不足的矛盾，我国拼资源拼环境拼消耗，农业发展方式粗放、资源过度开发利用，农业农村生态系统服务和功能发生退化，一些区位重要的农村地区的生产生活生态受到严重影响。由于没有同时、同步、系统保护好农业农村田、林、土、水等各种自然生态空间，森林质量不高、耕地质量退化、草原生态环境脆弱、渔业物种资源保护形势严峻、沙化土地面积较大、湿地侵占破坏严重等问题突出，生态保护和修复的效果不尽理想。生态环境脆弱，直接影响农业农村可持续发展和全体人民身体健康，已成为全面建成小康社会的突出短板。实施乡村振兴战略，必须坚持走生态环境保护与经济社会发展共赢的绿色发展之路。统筹山水林田湖草系统治理，既是破解农业农村发展瓶颈的客观需要，又是党中央在深刻研判综合把握"三农"发展新形势，顺应广大人民群众殷切期盼所作出的重大决策。

第二节　生态文明建设

乡村振兴，生态宜居是关键。统筹山水林田湖草系统治理，核心是要在乡村振兴中坚持人与自然和谐共生，把乡村生态文明建设融入乡村振兴的各方面和全过程。

要完善乡村生态文明建设的体制机制和政策体系，严格保护乡村生态环境，为实现乡村全面振兴提供坚实的生态基础。加快建设生态宜居的乡村环境，保留乡土气息、保存乡村风貌、保护乡村生态、治理乡村生态破坏，让乡村有更舒适的居住条件、更优美的生态环境，让广大人民群众过上更加美好的生活。

要用生命共同体的系统思维打破条块分割的生态管理体制，统筹兼顾农业农村各生态要素、自然生态空间的整体性和系统性及其内在规律，统筹考虑山上山下、地上地下以及流域上下游，对其进行整体保护、系统修复、综合治理，统筹处理好保障国家粮食安全、资源安全和生态安全的关系，更加重视耕地、水、森林、草原、湿地等的保护和合理利用，维护平衡协调的城乡生态环境和持续增强的生态服务功能。

要针对制约农业农村发展的突出生态问题，不断创新体制机制，既做到各生态系统协调平衡，又做到粮食安全、生态安全、资源安全综合平衡，既实现有利于人的宜业、宜居、宜游、宜养的生态环境，又实现生态环境自我修复、自我调节、自然循环的生态格局。

第三节　山水林田湖草建设

统筹山水林田湖草系统治理，要把生态文明建设摆在乡村振兴的突出位置，有序统筹生产生活生态，全面兼顾经济、社会、生态三大效益，准确把握保护与开发利用的关系，坚持绿色兴农发展理念，按照系统工程思路加强乡村生态保护修复，不断提升乡村自然生态承载力，还自然以宁静、和谐、美丽，满足人民亲近自然、体验自然、享受自然的需要。

一是要尊重自然、顺应自然、保护自然，统一保护、统一修复乡村自然生态系统。习近平总书记强调，山水林田湖草是一个生命共同体，人的命脉在田，田的命脉在水，水的命脉在山，山的命脉在土，土的命脉在树。要像对待生命一样对待生态环境，落实节约优先、保护优先、自然恢复为主的方针，从根本上扭转忽视生态和可持续的粗放型发展模式，坚持节约资源和保护环境的基本国策，实行最严格的生态环境保护制度。

二是要确立发展绿色农业就是保护生态的观念，突出降低农业农村资源开发利用强度，做到取之有时、取之有度，坚定不移推动农业农村形成绿色发展方式和生活方式，增强农业农村可持续发展能力。

三是要树立和践行绿水青山就是金山银山的理念，严守生态保护红线，维护乡村生态优势，推动农业高质量发展，加快建设生态宜居的美丽乡村，以绿色发展引领乡村振兴。

第四节　全方位开展乡村生态保护建设

一是实施重要生态系统保护和修复工程，划定和保护好生态红线，提升农业农村自然生态系统的质量和稳定性。完成生态保护红线、永久基本农田、城镇开发边界三条控制线划定工作，筑牢生态安全屏障，实现格局优化、系统稳定、功能提升。对影响国家生态安全格局的核心区域，关系中华民族永续发展的重点区域和生态系统受损严重、开展治理修复最迫切的关键区域，如黄土高原、云贵高原、内蒙古高原、祁连山脉、秦巴山脉、河西走廊、京津冀水源涵养区等，着力抓好一批生态治理和生态修复工程。要保护优先、自然恢复为主，通过封禁保护、自然修复办法，让农业农村生态得到休养生息。科学划定江河湖海限捕、禁捕区域，健全水生生态保护修复制度，实行水资源消耗总量和强度双控行动。

二是完善天然林保护制度，扩大退耕还林还草，强化湿地保护和修复。完善和严格执行天然林保护政策，把所有天然林都纳入保护范围。落实好全面停止天然林商业性采伐政策，统筹研究全面保护天然林与二期工程到期后的相关政策措施。扩大退耕还林还草，就是要在25°以上坡耕地、严重沙化耕地、重要水源地等尽快恢复生态功能。支持扩大新一轮退耕还林还草规模，逐步完善补助标准，创新体制机制加强退耕成果巩固。严格落实禁牧休牧和草畜平衡制度，加大退牧还草力度，继续实施草原生态保护补助奖励政策，保护治理草原生态系统。强化湿地保护和恢复，完善湿地保护补助政策和湿地生态效益补偿制度，积极开展退耕还湿生态建设。精心组织实施京津风沙源治理、"三北"及长江防护林建设、防沙治沙、野生动植物保护、国家储备林等林业重点工程，增加森林面积和蓄积量，精准提升森林质量和功能。

三是严格保护耕地，扩大耕地轮作休耕试点，健全耕地、草原、森林、河流、湖泊休养生息制度。坚持最严格的耕地保护制度，坚守耕地保护红线，提升耕地质量。扎实稳妥集中连片地推进耕地轮作休耕制度试点，加快构建有中国特色的耕地轮作休耕制度。加快形成轮作休耕组织方式、工作机制、技术模式、政策体系和监测评价机制，精准指导服务，加强督促检查，不断强化责任落实。在地下水漏斗区、重金属污染区、生态严重退化地区的基础上，进一步拓展轮作休耕试点范围。以防为主、防治结合，因地制宜、突出重点，对休耕地采取保护性措施，禁止弃耕、严禁废耕，不能减少或破坏耕地、不能改变耕地性质、不能削弱农业综合生产能力。健全耕地、草原、森林、河流、湖泊休养生息制度，分类有序退出超载的边际产能，全面提升草原、森林、河流、湖泊等自然生态系统的稳定性和服务功能。

四是开展大规模国土绿化行动，推进荒漠化、石漠化、水土流失综合治理。扎实推进荒山荒地造林，宜封则封、宜造则造、宜林则林、宜灌则灌、宜草则草，充分利用乡村工矿废弃地、闲置土地、荒山荒坡、被污染地以及其他不适宜耕作的土地开展造林绿化。充分发挥国有林场在国土绿化中的带头作用，创新产权模式和绿化机制，大力动员全社会资源和要素参与乡村振兴绿化行动。深入开展义务植树活动，大力培育生态保护修复专业化企业，加快森林乡村建设，提升生态宜居水平。推进荒漠化、石漠化治理，推进沙化土地封禁保护区和防沙治沙综合示范区建设。强化水源涵养、水土流失防治和生态清洁小流域建设。

五是推进乡村河湖水系连通，全面推行河长制、湖长制，构建生态廊道和生物多样性保护网络。开展河湖水系连通和农村河塘清淤整治，全面推行河长制、湖长制，构建责任明确、协调有序、监管严格、保护有力的河湖管理保护机制。制定出台保障江河湖泊生态水量的政策举措。出台河湖健康评估指南，推动河湖健康评估工作常态化。加大农业水价综合改革工作力度，实施乡村节水行动，加快完善支持农业节水政策体系，促进水资源可持续利用。实施生物多样性保护重大工程，有效防范外来生物入侵。全面加强乡村原生植被、自然景观、古树名木、小微湿地和野生动物保护，努力保持乡村原始风貌，优化乡村生态廊道，使乡村森林、湿地、水系、河湖、耕地形成稳定完整的生态网络。

第七章　加强农村突出环境问题综合治理

2019 年中央一号文件将坚持人与自然和谐共生作为实施乡村振兴战略的基本原则之一，对加强农村突出环境问题综合治理作出具体部署。这是党中央坚持以人民为中心的发展思想，贯彻新发展理念，牢牢把握新时代我国"三农"工作的特征，顺应广大农民群众对美好生活的向往而作出的重大决策部署。

第一节　深刻认识加强农村突出环境问题综合治理的重大意义

我国是农业大国，农村人口众多，良好生态环境是农村最大优势和宝贵财富。党的十八大以来，以习近平同志为核心的党中央将农村环境保护作为推进农村生态文明建设的重要内容，不断加大农村环境治理力度，农村环境质量得到改善。但是，我国农业面源污染严重，农村污染量大、面广，农村环境形势严峻。只有加强农村突出环境问题综合治理，才能为农民创造优美宜居的生产生活环境和美好家园。

一、环境问题综合治理是决胜全面建成小康社会的重大任务

小康全面不全面，生态环境质量是关键。全面建成小康社会，生态环境是突出短板，农村环保更是薄弱环节。当前，我国农村环境得到一定改善，但与全面建成小康社会要求还存在较大差距。必须把农村环境治理作为决胜全面建成小康社会的重大任务，拿

出硬办法、硬措施，确保实现全面建成小康社会的目标。

二、环境问题综合治理是满足人民对美好生活需要的必然要求

中国要美，农村必须美。农村环境保护滞后于经济社会发展，是农村发展不平衡不充分的重要体现。必须顺应广大农民群众过上美好生活的期待，牢固树立和践行绿水青山就是金山银山的理念，把为农民群众创造优美宜居的生产生活环境作为治理农村突出环境问题的根本出发点和落脚点。

三、环境问题综合治理是推动农业绿色发展的重要抓手

总体上看，我国农业主要依靠资源消耗的粗放经营方式没有根本改变，绿色优质农产品和生态产品供给还不能满足人民群众日益增长的需要。要实行最严格的生态环境保护制度，优化空间布局，转变农业发展方式，推动各地构建人与自然和谐共生的农业发展新格局，促进农业转型升级和绿色发展，形成农村绿色生产方式和生活方式。

第二节　准确把握加强农村突出环境问题
综合治理的内涵要义

2019 年中央一号文件提出，乡村振兴，生态宜居是关键。加强农村突出环境问题综合治理是建设美丽宜居乡村的重要内容，是全面建成小康社会的应有之义，是广大农民群众的热切期盼。

一、切实解决农民群众最关心、最直接、最现实的突出环境问题

农村环境保护基础弱、欠账多，问题点多、面广，必须统筹规划、突出重点。紧扣保障人民群众饮水安全和食品安全，

以农村饮用水水源地保护、农业面源污染防治、重金属污染耕地防控和修复、严禁工业和城镇污染向农业农村转移等为重点，抓紧治理关系人民群众切身利益的突出问题，切实改善农村生产生活环境。

二、贯彻新发展理念，推进农业绿色发展

我国农业发展方式粗放，化肥、农药等农业投入品过量使用，畜禽粪污、农作物秸秆等农业废弃物未得到合理处置。必须坚持新发展理念，以绿色发展引领乡村振兴，实施源头减量、过程控制、末端治理与利用相结合的综合治理，促进农业发展由主要依靠资源消耗向资源节约型、环境友好型转变，走高效、集约、安全、持续的现代农业发展道路。

三、创新体制机制，推动农村环境监管体系建设

我国农村环境监管体系建设滞后，地方各级政府农村环境监管能力薄弱，必须创新农村环境保护体制机制，不断完善政策措施，加强城乡环境执法统筹，强化基层环境监管执法力量，构建政府为主导、企业为主体、社会组织和公众共同参与的农村环境治理体系，切实提高农村环境监管能力。

第三节　把加强农村突出环境问题综合治理的重点任务落到实处

一、加强农业面源污染治理和废弃物资源化利用

农业资源环境是农业生产的物质基础和农产品质量安全的源头保障，直接关系人们"菜篮子""米袋子"的安全。要大力发展节水农业，加快农业高效节水体系建设。继续实施化肥、农药零增长行动，加强农业投入品规范化管理，推广有机

肥替代化肥、测土配方施肥，强化病虫害统防统治和全程绿色防控。推进农业绿色生产，积极发展有机农业、循环农业和生态农业等环境友好型农业，强化资源保护与节约利用。推行标准化规模养殖，规范和引导畜禽养殖场做好畜禽粪污资源化利用。统筹资源环境承载能力、畜产品供给保障能力和养殖废弃物资源化利用能力，种植和养殖相结合，就地就近消纳利用畜禽养殖废弃物。实施秸秆综合利用行动，大力开展秸秆还田和秸秆肥料化、饲料化、基料化、原料化和能源化利用。开展地膜回收行动，完善农膜回收体系。加强畜禽养殖污染防治和秸秆露天焚烧监管执法，严格落实畜禽规模养殖环评制度，依法查处环境违法行为，培育发展农村环境治理市场主体，建立畜禽粪污、秸秆等农村有机废弃物收集、转化、利用的网络体系。

二、加强农村水环境治理

农村水环境质量与农民生产生活密切相关，直接影响农民身体健康。要以供水人口多的农村饮用水水源地为重点，加快划定水源保护区或保护范围，加大农村集中式饮用水水源保护区内排污口取缔力度。推进农村生态清洁小流域建设，改善农业生产生活条件和生态环境。加大地下水超采区治理力度和范围，控制华北等地下水漏斗区、西北等地表水过度利用区用水总量。继续深入实施"以奖促治"政策，推进农村环境综合整治，重点治理农村生活污水垃圾，确保完成《水污染防治行动计划》确定的到 2020 年新增完成 13 万个建制村环境综合整治的目标任务。

三、强化农用地土壤污染防治

我国土壤污染状况不容乐观，农用地土壤环境质量堪忧，污染地块和农用地环境风险日益凸显。要全面开展土壤污染状况详查工作，摸清农用地土壤污染状况。加快出台土壤污染防治法，完善相关标准规范。以粮食重金属超标区域重金属污染风险防控为重点，加大涉重金属行业污染排查和整治，推进重金属污染耕地防控和修复。推进土壤污染防治先行区建设和土壤污染治理与修复技术应用试点。将严格管控类耕地纳入退耕还林还草范围，同时在农业产业结构调整时，优先在严格管控类耕地上种植棉花等非食用性农产品经济作物。

四、实施流域环境和近岸海域综合治理

流域是由山水林田湖草等构成的生命共同体，要以流域为管理单元，统筹上下游、左右岸、陆地水域，进行系统保护、宏观管控、综合治理。推进按流域设置环境监管和行政执法机构试点，调整现行以行政区为主的管理体制，增强流域环境监管和行政执法的独立性、统一性、有效性和权威性。加强近岸海域污染治理，坚持河海兼顾、区域联动，落实《近岸海域污染防治方案》重点任务，推动辽东湾、渤海湾、黄河口、长江口、杭州湾等重点河口海湾综合整治。

五、严禁工业和城镇污染向农业农村转移

近年来，随着城市环保力度加大，污染向农村转移的问题有所凸显，"垃圾围村""垃圾山"等问题突出。要坚持预防为主，把好环境准入关，结合农业和农村实际，出台相关产业准入的负面清单，防止污染"上山下乡"。推动农村规模以上工业企业进园区，实行污染物集中处理。依法禁止未经处理达标的工业和城镇污染物进入农田、养殖水域等农业区域。加强联防联控，依法严厉打击工业固体废物和危险废物违法跨区转移。全面推行排污许可制度，强化监督执法，落实企业达标排放主体责任。

六、加强农村环境监管能力建设

我国农村环境监管体系建设滞后，大部分乡镇没有专门的农村环保工作机构和人员，难以有效开展工作。要落实区县和乡镇农村环境保护主体责任，明确工作主体，确保责有人负、事有人干。结合省以下环保机构监测监察执法垂直管理制度改革，加强城乡环境保护统一监管和行政执法，促进村民协管、网格巡查、综合检查、专业执法相结合的农村环保监管体系建设，推动环境监测、执法向农村延伸。

第八章 推动农村基础设施提档升级

2019 年中央一号文件将提高农村民生保障水平、塑造美丽乡村新风貌作为乡村振兴的重要内容，明确提出要推动农村基础设施提档升级，这既是实现乡村全面振兴、加快补齐农村民生短板、提高农村美好生活保障水平的坚实基础，也是坚持农业农村优先发展、促进农业农村现代化工作的必然要求。

第一节 推动农村基础设施提档升级具备良好条件

一、"四好农村公路"建设取得了实实在在的成效

党的十八大以来，习近平总书记先后三次作出重要指示，要求建好、管好、护好、运营好农村公路。截至 2017 年年底，全国农村公路总里程达 400 万千米，99.24%的乡镇和 98.34%的建制村通上了沥青路、水泥路。"晴天一身土，雨天一身泥"正成为历史；乡镇和建制村通客车率分别达到 99.1%和 96.5%，6 亿农民"出门硬化路，抬脚上客车"的梦想正变为现实。五年来，全国新建改建农村公路 127.5 万千米，每年新增通客车的建制村 5 000 个以上，农村"穷在天，困在路"的局面改变了，城乡距离拉近了，"出行难"问题得到有效解决，交通扶贫精准化水平不断提高，农村物流网络不断完善。

二、农村水利基础设施网络体系不断完善

五年来，节水供水重大水利工程建设全面提速，国务院确

定的 172 项重大水利工程已累计开工 122 项，甘肃引洮供水、四川武引二期灌区等重大项目陆续开工建设，青海湟水北干渠扶贫灌溉等一批工程相继建成并发挥效益；农村饮水安全工作有序推进，在全面完成"十二五"农村饮水安全工程规划任务、解决 3.04 亿农村居民和 4 133 万农村学校师生饮水安全问题的基础上，"十三五"开始实施农村饮水安全巩固提升工程，聚焦全面解决贫困地区饮水安全问题，两年实施工程覆盖受益人口 9 000 多万人。截至 2017 年年底，我国农村集中供水率达 85%，自来水普及率达 80%。

三、农村公共基础设施持续改善

五年来，农村公共基础设施建设不断加强，农村人居环境整治加快推进，新一轮农村电网改造升级工程顺利实施，平原地区农田机井实现"井井通电"，6.6 万个小城镇（中心村）电网改造升级实现全覆盖，7.8 万个自然村新通动力电，受益人口达到 1.56 亿，农村供电稳定性明显增强；90% 以上的行政村通上了宽带互联网，农村电商蓬勃发展，农业产业链有效延长、价值链迅速提升、增收链不断拓宽，"互联网+"模式深入人心，农村教育信息化程度大幅提高，远程医疗网络持续向村镇延伸，城乡基本公共服务均等化水平稳步攀升，农民生产生活条件明显改善。

第二节　深刻认识推动农村基础设施
提档升级的内涵要义

尽管农业农村发展取得历史性成就，我们还应清楚地看到，目前农业农村基础差、底子薄、发展滞后的状况尚未根本改变，还面临不少困难和问题。农村基础设施仍然是发展的明显短板，如农村公路道路等级低、通行能力弱、与外界连通性差等问题比较突出；农村水利基础设施还不完善，标准偏低，质量不高，问题比较普遍；农村环境和生态问题不容忽视，农业面源污染、白色污染严重，多数村庄没有污水和垃圾处理设施等。

现阶段，城乡差距最直观的是基础设施和公共服务差距大。农业农村优先发展，要体现在公共资源配置上。要把公共基础设施建设的重点放在农村，推进城乡基础设施共建共享、互联互通，推动农村基础设施提档升级，特别是加快道路、农田水利、水利设施建设，完善管护运行机制。2019 年中央一号文件明确提出继续把基础设施建设重点放在农村，加快农村公路、供水、供气、环保、电网、物流、信息、广播电视等基础设施建设，推动城乡基础设施互联互通，抓紧研究提出深化农村公共基础设施管护体制改革指导意见，这些都为农村基础设施建设工作明确了重点、指明了方向。

推动农村基础设施提档升级，一方面大力加强农村建设，继续把公共基础设施建设的重点放在农村，瞄准农民群众最期盼、农村生产生活最需要的设施精准投入、精准建设，补齐农村基础设施建设短板；另一方面，要推进城镇基础设施和公共服务向农村延伸，逐步建立城乡一体、普惠共享的基本公共服务体系，促进城乡基本公共服务均等化，推动农业全面升级、农村全面进步、农民全面发展。

第三节　农村基础设施提档升级要实现重点突破

针对落实乡村振兴战略的新部署新任务新要求，要在交通物流、农村水利、能源、通信、环保等基础设施建设领域形成重点突破，起到典型带动作用，推动农村基础设施建设全面提档升级。

一、推动农村公路向高质量发展

除少数不具备条件的乡镇、建制村外，要在 2019 年年底前全部实现通硬化路。加快实施通村组硬化路建设，推进农村公路向进村入户倾斜。扎实推进特色致富路，加快资源路、旅游路、产业路建设。全力打造平安放心路，加强危桥和窄路加宽改造。实施农村公路安全生命防护工程，2020 年完成乡道及以上公路安全隐患治理。深化农村公路管理养护体制改革，加快完善组织保障、资金保障和绩效考核体系。大力推进城乡交通运输服务一体化，确保 2020 年实现具备条件的建制村全部通客车。加快县乡村三级物流网络体系建设步伐，按照"多站合一，资源共享"的原则，加快推进商贸、邮政、供销、运输等农村物流设施网络布局，推动县级仓储配送中心、乡镇农村物流服务站、村级农村物流服务点、农村物流快递公共取送点等建设，打通农村物流"最后一公里"。

二、推进节水供水重大水利工程建设

按照习近平总书记提出的"确有需要、生态安全、可以持续"的原则，科学有序推进重大水利工程建设，进一步做好新建项目前期工作，严格工程方案、环境影响、资金落实等建设条件和标准审核，成熟一项，实施一项，见效一项。抓重点、补短板、强弱项、建机制，着力构建大中小微结合、功能配套完善、长期发挥效益的农村水利基础设施网络，加快农村灌溉排水骨干工程建设改造，开展小型农田水利设施达标提质。加强中小河流治理、重点区域排涝能力、病险水库水闸除险加固、山洪灾害防治、农村基层防汛预报预警体系建设，统筹推进中小型水源工程和抗旱应急能力建设。继续实施农村饮水安全巩固提升工程，推进城乡供水一体化和农村饮水安全工程规模化、标准化建设，加强水源保护，强化水质保障，完善工程良性运行机制，进一步提高农村集中供水率、自来水普及率、供水保证率和水质达标率。

三、加快新一轮农村电网改造升级

完善农村能源基础设施网络，加快新一轮农村电网升级改造，制定农村通动力电规划，推动供气设施向农村延伸，形成以电网为基础，与燃气管网、热力管网、交通网络等互补衔接、协同转化的设施网络体系。深入推进农村能源生产和消费革命，构建清洁低碳、安全高效的现代农村能源体系。优化农村能源供给结构，因地制宜建设农村分布式清洁能源网络，大力发展太阳能、浅层地热能、生物质能等，因地制宜开展水能、风能评估和利用，实现供能方式多元化。推进农村能源消费升级，大幅提高电能在农村能源消费中的比重，积极稳妥推进北方地区散煤替代和清洁利用，在气源落实条件下有规划地推进煤改气。大力发展"互联网+"智慧能源，全面提升农村能源消费智能化、高效化水平。

四、实施数字乡村战略

加快农村地区宽带网络和第四代移动通信网络覆盖步伐，实施新一代信息基础设施建设工程，推进接入能力低的行政村进行光纤升级改造，在部分地区推进"百兆乡村"示范及配套支撑工程，改造提升乡镇及以下区域光纤宽带渗透率和接入能力，开展城域网扩容改造。做好数字乡村战略整体规划设计，推进农村基层政务信息化应用，推广远程教育、远程医疗、金融服务进村等信息服务，建立空间化、智能化的新型农村统计信息系统，弥合城乡数字鸿沟。在乡村信息化基础设施建设过程中同步规划、同步建设、同步实施网络安全工作，确保信息系统网络运行安全、重要数据安全和公民个人信息安全。

五、加强农村防灾减灾救灾能力建设

坚持以防为主、防抗救相结合，坚持常态减灾与非常态救灾相统一，全面提高抵御气象、旱涝、地震、地质、海洋、森林草原、火灾等灾害综合防范能力。加强农村自然灾害监测预报预警，实施国家突发事件预警信息发布能力提升工程，解决农村预警信息发布"最后一公里"问题。加强防汛抗旱、防震减灾、防风抗潮等防灾减灾工程建设。推进实施自然灾害高风险区农村困难群众危房改造，提升农村住房设防水平和抗灾能力。全面深化森林、草原火灾防控治理。大力推进农村公共消防设施、消防力量和消防安全管理组织建设，改善农村消防安全条件，提高防控火灾和应急救援能力。推进自然灾害救助物资储备体系建设，在有条件的多灾易灾乡村设置救灾物资储存室。开展灾害救助应急预案编制和演练，加强社区救灾应急物资储备和志愿者队伍建设。完善应对灾害的政策支持体系和灾后重建工作机制。在农村广泛开展防灾减灾宣传教育。

第四节　着力强化农村基础设施提档升级政策保障

一、加大资金投入支持力度

强化农村基础设施提档升级，投入是关键，必须健全投入保障制度，创新投融资体制机制，加快形成财政优先保障、金融重点支持、社会积极参与的多元投入格局。加大政府投资对农业绿色生产、可持续发展、农村人居环境、基本公共服务等重点领域和薄弱环节支持力度，充分发挥投资对优化供给结构的关键性作用。规范地方政府举债融资机制，支持地方政府发行一般债券用于支持乡村振兴领域公益性项目。有效拓宽农村基础设施提档升级资金筹措渠道，加强金融机构对农村基础设

施建设的服务支持，加大农村基础设施和公用事业领域开放力度，充分发挥政府投资的引导作用，吸引金融和社会资本更多投向农村基础设施建设。

二、创新农村基础设施建管机制

农村基础设施三分靠建，七分靠管。要创新农村基础设施建管机制，坚持先建机制、后建工程，健全完善工程管理体制，鼓励将城市周边农村、规模较大中心镇纳入城镇基础设施建设规划，由市政部门统一建设、统一运营维护。对农村集中供水、污水垃圾集中处理等设施建设和运营，鼓励推行代建制、特许或委托经营等模式。对点多面广、布局分散的小型农村基础设施，鼓励通过政府购买服务、村民自建自管等方式建设和运行。要完善农村基础设施产权制度，明确所有权，根据农村基础设施的性质和层级，合理确定建设和管护责任主体，落实地方政府、村集体、企业、农民等主体责任，落实工程管理主体与责任。要建立合理的水价制度，加强水费征收，落实地方财政补贴机制，确保工程可持续运行。要持续加强农村基础设施管护体制改革，加大成品油消费税转移支付资金用于农村公路养护力度，抓紧研究出台深化农村公共基础设施管护体制改革指导意见。

人才队伍建设与乡风治理篇

第九章 加强农村专业人才队伍建设

人才兴则事业兴，人才强则乡村强。党的十九大报告提出实施乡村振兴战略，培养造就一支懂农业、爱农村、爱农民的"三农"工作队伍。农村专业人才活跃在农村教育、生产、经营第一线，是农村生产力中最先进、最活跃的组成部分。2019年中央一号文件对加强农村专业人才队伍建设提出了专门要求，并进行了具体部署。

第一节 农村专业人才队伍是农村经济社会发展的关键要素

农村专业人才是活跃在农业和农村经济发展第一线的具有一定科学文化知识或一技之长，对推动农业农村现代化发展作出突出贡献的农村能人。主要包括县域农村专业人才、乡村教师、边远贫困地区、边疆民族地区和革命老区人才、"三支一扶"、特岗教师、农业职业经理人、经纪人、乡村工匠、文化能人、非遗传承人等，在传播普及科学知识、示范应用农业先进实用技术、带领一方群众致富、推动当地经济社会发展等方面具有独特作用。

农村专业人才队伍建设是提高农民整体素质的有效途径。农村乡土人才对本地环境资源、生产经验、风土人情非常熟悉，实践经验丰富。他们有强烈的奉献精神、高超的专业技能，能够组织产业化生产，能够起到一定的示范、带动或辐射作用。他们不光是自己干得好，而且能够带领周边的群众跟着自己干，能够把自己掌握的知识传授给身边的农户，进而有效地提高农民的整体素质。

农村专业人才队伍建设是实现产业兴旺的有力支撑。长时间以来各地农业发展经验表明，农业产业发展每上一个台阶很大程度上都是得益于科技进步。目前，部分地区特别是边远贫困地区、边疆民族地区和革命老区（"三区"），农业主导产业不突出、农业竞争力不强、农业综合效益差，主要矛盾并不是缺少优良品种、先进技术，而是科技成果转化水平很低，技术嫁接、成果转化的中间环节出现了脱节，其实质是缺少专业人才。2014年科学技术部联合中央委员会组织部、财政部、人力资源和社会保障部、国务院扶贫办正式启动"边远贫困地区、边疆民族地区和革命老区人才支持计划科技人员专项计划"，以"三区"人才支持计划、科技人员专项计划为抓手，发挥科技特派员作用，加强对贫困地区返乡农民工、大学生村干部、乡土人才、科技示范户的培训，培养一批懂技术、会经营、善管理的脱贫致富带头人和新型职业农民，加快农村经济结构调整，加快产业结构优化升级，为实现乡村振兴提供有力支撑。

农村专业人才队伍建设是农业技术推广体系的有益补充。现阶段基层农业技术推广网络普遍处于"有架子无联通、有人员无联系"的状况，在这种情况下，积极研究、探讨农业技术推广的新思路、新机制就显得十分必要。抓好农村专业人才队伍建设，不失为一条重要途径。农村专业人才都具备某项专业技能，或具备一定的科学知识，所从事的事业有一定的科技含量。加强农村专业人才队伍建设是在目前基层农技推广网络不健全的情况下，对农业科技推广体系的有益补充。

第二节　加强农村专业人才队伍建设的主要举措

一、提高农村专业人才队伍培养、使用、激励等服务保障能力

主要包括建立县域专业人才统筹使用制度，提高农村专业人才服务保障能力；推动人才管理职能部门简政放权，保障和落实基层用人主体自主权。

县域是农村专业人才队伍培育、使用和管理的核心行政单元。要加强农村专业人才统筹管理，通过健全县乡村三级管理网络，形成以县组织、人事、科技等部门管理为重点，以乡（镇）党委、村党支部抓落实的管理形式，形成工作合力。同时，要加强制度管理，完善农村专业人才选拔规定，明确农村农民专家、农村专业人才的选拔管理办法和流程，并在实行动态管理、优胜劣汰、促其发展的基础上，坚持和完善建档造册、走访联系、交心座谈、领导挂点等制度，使管理工作有章可循，逐步走上制度化轨道。以县域为单位，成立农村专业人才开发工作领导机构，加强对专业人才开发使用的统筹协调，按照农村专业人才的不同类型，分门别类地建立各类乡土人才库，并发放证书，从而真正把农村的"土专家""田秀才"、种养能手等乡土人才纳入县委人才工作的管理和服务范畴。

二、加大乡村教师队伍、"三区"人才等专业人才使用支持力度

主要包括推行乡村教师"县管校聘"；实施好边远贫困地区、边疆民族地区和革命老区人才支持计划，继续实施"三支一扶"、特岗教师计划等，组织实施高校毕业生基层成长计划。

乡村教师队伍建设是振兴乡村教育，帮助乡村孩子学习成

才，阻止贫困现象代际传递，功在当代、利在千秋的大事。发展乡村教育，教师是关键，必须把乡村教师队伍建设摆在优先发展的战略地位。党和国家历来高度重视乡村教师队伍建设，在稳定和扩大规模、提高待遇水平、加强培养培训等方面采取了一系列政策举措，乡村教师队伍面貌发生了巨大变化，乡村教育质量得到了显著提高，广大乡村教师为中国乡村教育发展做出了历史性的贡献。但受城乡发展不平衡、交通地理条件不便、学校办学条件欠账多等因素影响，当前乡村教师队伍仍面临职业吸引力不强、补充渠道不畅、优质资源配置不足、结构不尽合理、整体素质不高等突出问题，制约了乡村教育持续健康发展。推行乡村教师"县管校聘"，对于稳定乡村教师队伍、促进教育公平、实现乡村人口素质提升具有十分重要的意义。

边远贫困地区、边疆民族地区和革命老区大部分依然处于欠发达地区，是乡村振兴的难点。习近平总书记指出，消除贫困、改善民生、实现共同富裕，是社会主义的本质要求。全面建成小康社会，最艰巨最繁重的任务在农村，特别是在贫困地区，实施好"三区"人才支持计划，是助力打赢脱贫攻坚战、实现共同富裕、全面小康的重大举措，也是体现中国特色社会主义制度优越性的重要标志。

"三支一扶"、特岗教师计划、以大学生村干部为代表的高校毕业生基层成长计划等的实施，充分证明了高素质人才、先进智力下基层对于农业农村社会事业发展的重要推动作用，在实施乡村振兴战略中，必须进一步大力实施和推动好这些计划。

三、健全培育机制，不断提高农村专业人才整体素质

支持地方高等学校、职业院校综合利用教育培训资源，灵活设置专业（方向），创新人才培养模式，为乡村振兴培养专业化人才。依托大中专院校、职业高中、网络教育等进行学历培训，充分发挥县乡（镇）党校、实用技术培训学校、农民夜校

等阵地作用，定期组织农业专业人才集中培训，进行政策、实用科技知识的理论辅导，提高农业专业人才的知识素养。有目的、有计划、有针对性地组织农业专业人才走出家门与外界加强技术交流与合作，到发达地区和先进企业参观学习，启迪思维，开阔视野。要组织农业专业人才乡域之间的巡回报告团，既介绍自己的先进经验，又学习其他农业专业人才的成功做法，促进农业专业人才之间相互提高。

四、健全激励机制，鼓励农业专业人才干事创业、振兴乡村

扶持培养一批农业职业经理人、经纪人、乡村工匠、文化能人、非遗传承人等，营造有利于农村专业人才实现才能的良好环境和平台。将农村专业人才开发与当地经济发展、社会事业建设及干部队伍建设充分结合起来，不断挖掘农村大学毕业生、复员军人、能工巧匠等本土人才，充分利用发挥农村专业人才的示范带头作用，营造学习比拼赶超的良好氛围，从而带动农民共同进步、共同致富。

加大对优秀农村专业人才的奖励、表彰力度，扩大乡土人才的影响力和知名度，增强其荣誉感。建立乡土人才专业技术职称评定制度，把乡土人才的选拔同其职称评定相结合，使昔日"土专家""田秀才"有名有分，并落实相应的待遇，规定权利和义务，增强其责任感，引导他们干事创业、振兴乡村。

鼓励农村专业人才创新创业，自己带头致富、带领群众致富，并在生产信息、生产用地、生产资金、生产品种、技术等方面给予政策、奖金及技术倾斜和扶持，为农村专业人才的发展解决后顾之忧，帮助乡土人才的生产产业做强做大，实现乡村工匠传承、文化传承、非遗传承等。

积极吸纳优秀农村专业人才加入党组织。加大对年纪轻、

技术硬、素质高的农村专业人才吸收加入党组织的力度，并优先选拔、充实到村级干部队伍中，提高村组班子带领群众致富的能力，创造农村专业人才充分发挥先锋模范带头作用的舞台。

第十章　发挥科技人才支撑作用

人才是第一资源，创新是第一动力。体制机制改革，是激发人才创新活力的关键。2019年中央一号文件强调，要通过创新体制机制，发挥科技人才支撑作用，这是深化科技体制改革，激发科技创新活力，使广大科技人员积极投身乡村振兴的有力举措。

第一节　鼓励引导专业技术人员到农村推动产业振兴

高等院校、科研院所等事业单位是我国科技创新的主体，这些单位的专业技术人员是我国科技创新的主力军。现代农业发展是一二三产业融合、产业链协同的发展，以产业链部署科技创新链是支撑现代农业发展的重要方向。现代农业要发展，出路在科技，关键靠人才。但是目前我国农业农村科技创新活力不够，人才政策和体制机制尚不完全适应现代农业产业和科技创新本身发展。

乡村要振兴，产业振兴是源头、是基础。离开产业的支撑，乡村振兴就是空中楼阁。现代农业是乡村产业兴旺的重点、是大头。而现代农业是科技创新要素驱动的产业，光靠科技文化素质依然较弱的农民自身支撑是远远不够的，需要高等院校、科研院所等事业单位专业技术人员的强力支持，为现代农业发展注入"第一动力"。但是，目前造成科技人员"不愿"或"不敢"深入农村一线、产业一线服务支撑农业与农村现代化发展的重要原因在于他们有"后顾之忧",尤其是现有与科技人员发展利益相关的职称评定、工资福利、社会保障等方面的权益在现有的政策与评定框架下得不到有效保障。因此,2019 年中央一号文件提出,全面建立高等院校、科研院所等事业单位专业技术人员到乡村和企业挂职、兼职和离岗创新创业制度,保障其在职称评定、工资福利、社会保障等方面的权益。

第二节 壮大科技特派员队伍

2016 年印发的《国务院办公厅关于深入推行科技特派员制度的若干意见》(国办发〔2016〕32 号),为科技特派员、大学生、返乡农民工、乡土人才等营造专业化、社会化、便捷化的创业环境。支持普通高校、科研院所、职业学校和企业的科技人员发挥职业专长,到农村开展创业服务。引导大学生、返乡农民工、退伍转业军人、退休技术人员、农村青年等参与农村科技创业。鼓励高校、科研院所、科技成果转化中介服务机构以及农业科技型企业等各类农业生产经营主体,作为法人科技特派员带动农民创新创业,服务产业和区域发展。结合各类人才计划实施,加强科技特派员的选派和培训,继续实施林业科技特派员、农村流通科技特派员、农村青年科技特派员、巾帼科技特派员专项行动和健康行业科技创业者行动,支持相关行业人才深入农村基层开展创新创业和服务。

普通高校、科研院所、职业学校等事业单位对开展农村科技公益服务的科技特派员,要实行保留原单位工资福利、岗位、编制和优先晋升职务职称的政策,其工作业绩纳入科技人员考核体系;对深入农村开展科技创业的,要保留其人事关系,与原单位其他在岗人员同等享有参加职称评聘、岗位等级晋升和社会保险等方面的权利,期满后可以根据本人意愿选择辞职创业或回原单位工作。结合实施大学生创业引领计划、离校未就业高校毕业生就业促进计划，动员金融机构、社会组织、行业协会、就业人才服务机构和企事业单位为大学生科技特派员创业提供支持，完善人事、劳动保障代理等服务，对符合规定的要及时纳入社会保险。

鼓励高校、科研院所通过许可、转让、技术入股等方式支持科技特派员转化科技成果，开展农村科技创业，保障科技特派员取得合法收益。通过国家科技成果转化引导基金等，发挥财政资金的杠杆作用，以创投引导、贷款风险补偿等方式，推动形成多元化、多层次、多渠道的融资机制，加大对科技特派员创业企业的支持力度。引导政策性银行和商业银行等金融机构在业务范围内加大信贷支持力度，开展对科技特派员的授信业务和小额贷款业务，完善担保机制，分担创业风险。吸引社会资本参与农村科技创业，鼓励银行与创业投资机构建立市场化、长期性合作机制，支持具有较强自主创新能力和高增长潜力的科技特派员企业进入资本市场融资。对农民专业合作社等农业经营主体，落实减税政策，积极开展创业培训、融资指导等服务。

第三节 深入实施农业科研杰出人才计划和杰出青年农业科学家项目

从 2011 年起，农业部牵头实施全国农业科研杰出人才培养计划，这是国家人才规划中确定的 12 个重大人才工程之现代农业人才支撑计划的子计划。农业科研杰出人才主要职责是：围绕现代农业发展需求，把握学科发展方向，提出具有战略性、前瞻性、创造性的发展思路，促进本学科领域赶超或保持国际先进水平；面向国际科技前沿和行业发展重大需求，承担国家重大农业科研项目，开展基础性、前沿性农业科学研究，开展行业重大共性关键技术创新与集成，提高农业科技自主创新能力；加强所在创新团队建设，每个团队培养 10 名左右的核心成员，引领本学科领域农业科技人才队伍建设。深入实施农业科研杰出人才计划和杰出青年农业科学家项目，将有利于稳定和发展我国高层次农业科研人才队伍，形成一支学科专业布局合理、整体素质能力较强、自主创新能力较强的高层次农业科研人才队伍，长期稳定地为我国农业农村现代化发展提供持续动力支撑。

第四节　以知识产权明晰为基础、以知识价值为导向的分配政策

种业是国家战略性、基础性的核心产业，是促进农业长期稳定发展、保障国家粮食安全的根本。随着全球化进程加快、生物技术发展和改革开放的不断深入，我国种业发展面临新的挑战。为提升我国农业科技创新水平，增强农作物种业竞争力，满足建设现代农业的需要，2013 年 12 月国务院办公厅印发《关于深化种业体制改革提高创新能力的意见》（国办发〔2013〕109 号）强调：深化种业体制改革，充分发挥市场在种业资源配置中的决定性作用，突出以种子企业为主体，推动育种人才、技术、资源依法向企业流动，充分调动科研人员积极性，保护科研人员发明创造的合法权益，促进产学研结合，提高企业自主创新能力，构建商业化育种体系，加快推进现代种业发展，建设种业强国，为国家粮食安全、生态安全和农业、林业持续稳定发展提供根本性保障。进一步调动种业等领域科研人员的积极性，使科研人员在现代种业的发展中有更大的"获得感"和持续创新的动力。

第五节 探索公益性和经营性农技推广融合发展机制

农业科技服务体系是农业科研成果转化为现实生产力的桥梁，是联系科研、教育及生产的纽带，是促进科技进步、增强综合生产能力、实现农业现代化的重要依托。目前，我国基层农技推广组织薄弱、区域发展不平衡以及社会化程度低等问题依然存在。在工业化、信息化、城镇化深入发展并同步推进农业现代化的背景下，农业科技服务体系建设不再局限于体系内部建设问题，而是要与现代农业融合发展的内在趋势相耦合，并做与之相适应的调整和变化。

《农业部办公厅关于做好2017年基层农技推广体系改革与建设有关工作的通知》（农办科〔2017〕28号）指出：以支撑农业供给侧结构性改革为中心任务，以提高农技推广服务供给质量效率为主攻方向，以新型农业经营主体为重点服务对象，以深化改革为动力，创新农技推广体制机制、精心打造示范服务平台，大力推广绿色高效适用技术，加快培育精干高效队伍，切实发挥科技对农业增效、农民增收和农产品竞争力增强的支撑推动作用。同时强调：推进基层农技推广体系改革创新。促进基层农技推广机构有效履职，发挥在公益性农技推广服务中的主导地位，加强对市场化主体的引导、服务和必要的监管。通过购买服务等方式，支持引导市场化主体参与农技推广服务。支持浙江、安徽、江西等省开展基层农技推广体系改革创新试点，探索农技人员通过提供技术增值服务获取合理报酬的新机制，加强绩效考评的新举措，强化队伍能力建设的新模式。

第十一章 乡村社会保障振兴

坚持人人尽责、人人享有，围绕农民群众最关心、最直接、最现实的利益问题，加快补齐农村民生短板，提高农村美好生活保障水平，让农民群众有更多实实在在的获得感、幸福感、安全感。

第一节 加强农村基础设施建设

继续把基础设施建设重点放在农村，持续加大投入力度，加快补齐农村基础设施短板，促进城乡基础设施互联互通，推动农村基础设施提档升级。

一、改善农村交通物流设施条件

以示范县为载体全面推进"四好农村路"建设，深化农村公路管理养护体制改革，健全管理养护长效机制，完善安全防护设施，保障农村地区基本出行条件。推动城市公共交通线路向城市周边延伸，鼓励发展镇村公交，实现具备条件的建制村全部通客车。加大对革命老区、民族地区、边疆地区、贫困地区铁路公益性运输的支持力度，继续开好"慢火车"。加快构建农村物流基础设施骨干网络，鼓励商贸、邮政、快递、供销、运输等加大在农村地区的设施网络布局。加快完善农村物流基础设施末端网络，鼓励有条件的地区建设面向农村地区的共同配送中心。

二、加强农村水利基础设施网络建设

构建大中小微结合、骨干和田间衔接、长期发挥效益的农村水利基础设施网络，着力提高节水供水和防洪减灾能力。科学有序推进重大水利工程建设，加强灾后水利薄弱环节建设，统筹推进中小型水源工程和抗旱应急能力建设。巩固提升农村饮水安全保障水平，开展大中型灌区续建配套节水改造与现代化建设，有序新建一批节水型、生态型灌区，实施大中型灌排泵站更新改造。推进小型农田水利设施达标提质，实施水系连通和河塘清淤整治等工程建设。推进智慧水利建设。深化农村水利工程产权制度与管理体制改革，健全基层水利服务体系，促进工程长期良性运行。

三、构建农村现代能源体系

优化农村能源供给结构，大力发展太阳能、浅层地热能、生物质能等，因地制宜开发利用水能和风能。完善农村能源基础设施网络，加快新一轮农村电网升级改造，推动供气设施向农村延伸。加快推进生物质热电联产、生物质供热、规模化生物质天然气和规模化大型沼气等燃料清洁化工程。推进农村能源消费升级，大幅提高电能在农村能源消费中的比重，加快实施北方农村地区冬季清洁取暖，积极稳妥推进散煤替代。推广农村绿色节能建筑和农用节能技术、产品。大力发展"互联网+"智慧能源，探索建设农村能源革命示范区。

四、夯实乡村信息化基础

深化电信普遍服务，加快农村地区宽带网络和第四代移动通信网络覆盖步伐，实施新一代信息基础设施建设工程。实施数字乡村战略，加快物联网、地理信息、智能设备等现代信息技术与农村生产生活的全面深度融合，深化农业农村大数据创新应用，推广远程教育、远程医疗、金融服务进村等信息服务，建立空间化、智能化的新型农村统计信息系统。在乡村信息化基础设施建设过程中，同步规划、同步建设、同步实施网络安全工作。

第二节　乡村社会保障振兴

党的十八大以来，中央把建立农村社会保障体系作为保障和改善民生的重要内容，采取了一系列行之有效的政策措施，推进建立统一的城乡居民基本养老保险、基本医疗保险等制度，城乡社会保障走向并轨，标志着农村社会保障体系建设迈入了新的阶段，开创了新的局面。由于长期存在资金投入不足、覆盖范围较窄、保障水平偏低、经办力量薄弱等突出问题，我国农村社会保障尚不能满足广大农村居民日益增长的需求。党的十九大报告中强调，全面建成覆盖全民、城乡统筹、权责清晰、保障适度、可持续的多层次社会保障体系。按照这一决策部署，2019 年中央一号文件就加强农村社会保障体系建设专门进行了部署。

一、完善城乡居民基本养老保险制度

2018 年，人力资源和社会保障部、财政部出台了《关于建立城乡居民基本养老保险待遇确定和基础养老金正常调整机制的指导意见》（人社部发〔2018〕21 号）。主要内容包括：一是完善待遇确定机制，中央根据全国城乡居民人均可支配收入和财力状况等因素，确定全国基础养老金最低标准；地方根据当地实际提高基础养老金标准。二是建立基础养老金正常调整机制，参考城乡居民收入增长、物价变动和职工基本养老保险等标准，适时提出调整方案。三是建立个人缴费档次标准调整机制，最高缴费档次标准原则上不超过当地灵活就业人员参加职工基本养老保险的年缴费额；对重度残疾人等缴费困难群体，可保留现行最低缴费档次标准。四是建立缴费补贴调整机制，引导城乡居民选择高档次标准缴费；鼓励集体经济组织提高缴费补助，鼓励其他社会组织、公益慈善组织、个人为参保人缴费加大资助。五是实现个人账户基金保值增值，提高个人账户养老金水平和基金支付能力。

二、完善医疗保障体系

健康是每个人心中的梦想。对于医疗卫生水平远落后于城市的农村居民来说，更是渴望有一个重公平、可持续的医保制度来帮助他们实现"健康"梦。

（一）整合城乡居民基本医疗保险制度和大病保险制度

我国的基本医疗保险体系包括职工基本医疗保险、城镇居民基本医疗保险和新型农村合作医疗保险三项制度，分别针对城镇就业人口、城镇非就业人口和农村人口于不同时期逐步建立。但随着我国经济社会发展特别是城镇化进程加速，这种制度分设、城乡分割、体制分散的弊端日趋突出。党的十八大明确提出"整合城乡居民基本医疗保险制度"的要求，并作为重点改革任务。2016 年 1 月，国务院印发了《关于整合城乡居民基本医疗保险制度的意见》（国发〔2016〕3 号），重点从整合制度政策、理顺管理体制、提高服务效能 3 个层面，对整合城镇居民医保与新农合两项制度提出了意见，并着重实现"六统一"（统一覆盖范围、统一筹资政策、统一保障待遇、统一医保目录、统一定点管理、统一基金管理）。近两年来，各地逐步展开城乡居民基本医保并轨改革。截至目前，全国除西藏外，均已开始推进整合城乡居民基本医疗保险制度工作；全国 334 个地级市（截至 2020 年统计）中，有 80%以上出台具体实施方案并基本启动运行。

制度整合以来，城乡居民特别是农村居民保障水平和医疗服务利用水平均有提高，医保基金互助共济能力增强，城乡一体化管理服务的加快推行，管理水平明显提高。今后将在总结各地经验的基础上，推动整合城乡居民基本医疗保险和大病保险制度，并不断提升整合质量、完善机制、提升服务，促进深度融合。

（二）提高医疗保障水平

各地不断巩固完善有关政策，增强保障能力，对建档立卡贫困人口等实施降低起付线、提高报销比例和封顶线等倾斜性支付政策，进一步提高贫困人口医疗保障水平，助力脱贫攻坚。今后将继续扩大医疗救助人群范围和重大疾病保障病种范围，提高医疗服务水平。

（三）巩固城乡居民医保全国异地就医联网直接结算

跨省异地就医直接结算不仅极大方便了广大参保人员，减轻了费用垫付的压力，还有效避免了不法分子利用虚假医疗票据欺诈骗取医保基金的现象，并为建立全国统一的社会保险公共服务平台探索了现实路径。坚持高起点、全兼容、广覆盖，联通部、省、市、县四级经办机构的国家异地就医结算系统已全面建成，超过80%以上的县区至少开通一家定点医疗机构。建立了异地就医进展定期发布机制，通过中华人民共和国人力资源和社会保障部门户网站和部政务微信平台进行权威发布，开通跨省异地就医网上查询系统。按照2019年中央一号文件要求，要进一步深化支付方式改革，不断优化完善异地就医直接结算运行机制，进一步拓展异地就医结算系统功能。

（四）提高管理水平

建立完善适应不同人群、疾病、服务特点的多元复合支付方式，针对不同医疗服务特点，推进医保支付方式分类改革。重点推行按病种付费，做好按病种收费、付费政策衔接，合理确定收费、付费标准，实现全国范围内医疗服务项目名称和内涵的统一。开展按疾病诊断相关分组付费试点，探索建立按疾病诊断相关分组付费体系。完善按人头付费、按床日付费等支付方式。强化对医疗行为的监管，将监管重点从医疗费用控制转向医疗费用和医疗质量双控制。

坚持统筹协调，统一规范政策和经办流程，简化办事程序，提高经办能力。全面落实就医地管理责任，实行"就医地目录范围、参保地待遇标准""就医地管理""先预付、后清算"等管理办法，推行电话备案、网上备案，取消所有需要就医地提供的证明和盖章。落实分级诊疗要求，指导各地制定规范的异地转诊规定。

三、统筹城乡社会救助体系

社会救助是社会保障的最后一道防护线和安全网，是维护社会安定的重要保证。我国逐步建立了以城乡低保、农村五保供养为核心，以专项救助为辅助，覆盖城乡的社会救助体系，初步实现了社会救助制度的定型化、规范化和体系化。

党的十八大以来，随着党和国家逐渐加大保障和改善民生的工作力度，社会救助体系不断完善，覆盖范围持续扩大，救助水平稳步提高，社会救助体系建设取得显著成效。2017年，中央财政安排低保、特困、临时救助、孤儿基本生活保障、流浪乞讨人员救助的困难群众基本生活救助补助资金为1 331亿元。2017年，全国共有城乡低保对象5 311万人，城市、农村低保平均标准分别为541元/（人·月）、4 302元/（人·年），全年支出城乡低保资金1 624.9亿元。全国共有城乡特困人员492万人，其中城市、农村分别为25万人、467万人，基本生活平均标准分别为8 292元/（人·年）、6 323元/（人·年），全年支出救济供养资金258.49亿元。各项专项救济工作稳步推进。全国共支出医疗救助资金320.59亿元（中央安排155亿元），实施医疗救济8 738万人次，其中直接救助3 535万人次、资助困难群众参加基本医疗保险 5 203 万人次。中央财政投入 266.9 亿元，集中支持 190.6 万户农村建档立卡贫困户等四类重点对象实施农村危房改造。全国共实施临时救助 893 万人次，累计支出资金 141.34 亿元。此外，针对垦区受灾人员、困难职工子女、农民工、残疾人、老人等的救助工作稳步推进，社会力量参与社会救助得到深化。

针对社会救助工作仍然存在的部分地方救助标准低、对象认定不够精准、部门地方协调性不够、财政压力大、资源统筹不够、救助管理不规范等问题，2019 年中央一号文件要求，进一步完善最低生活保障制度，保障妇女儿童合法权益，完善社会救助、社会福利、慈善事业、优抚安置等制度，健全农村留守儿童和妇女、老年人关爱服务体系，加强残疾康复服务。在此基础上，还提出了救助政策上的三项新举措：一是在具体救助对象上，从农村实际出发，专门增加了困境儿童，主要救助因家庭贫困导致生活、就医、就学等困难的儿童，因自身残疾导致康复、照料、护理和社会融入等困难的儿童，以及因家庭监护缺失或监护不当遭受虐待、遗弃、意外伤害、不法侵害等导致人身安全受到威胁或侵害的儿童；二是将进城落户农业转移人口全部纳入城镇住房保障体系，解决进城务工困难农民工住房保障问题；三是创新农村养老多元化照料服务模式，解决新形势下农村家庭养老弱化、对社会养老需求增加的问题。

第三节　乡村健康振兴

一、强化农村公共卫生服务

国家高度重视农村公共卫生工作，形成政府主导、部门协同、社会参与的疾病防控工作机制，建立起以疾病预防控制机构为主体、医疗卫生机构参与的疾病防控体系，人民健康水平显著提高。

重大疾病是指严重危害公众健康和生命安全、严重影响国民经济和社会发展、严重损害国家安全和国际形象的一类疾病。目前主要包括以传染病（艾滋病、结核病、乙肝、血吸虫病、疟疾、鼠疫、霍乱、布鲁氏菌病）、慢性非传染性疾病（高血压、脑卒中、糖尿病、肺癌、肝癌）、精神疾病（严重精神障碍）、地方病（碘缺乏病、大骨节病）、职业病（尘肺）为代表的五大类 18 种重大疾病。当前，我国传染病防控形势仍然严峻，现有艾滋病病毒感染者、结核病患者人数居世界第二位，乙型肝炎病毒携带者约占世界的 1/3。同时，慢性病患者人数快速增加，慢性病已成为居民最主要的死因，占 85%。

二、完善基本公共卫生服务项目补助政策

我国疾病谱呈现双重疾病负担，一方面慢性非传染性疾病成为主要的健康问题，另一方面重大传染病防控形势仍然比较严峻，同时人口老龄化进程不断加快，卫生服务发展不平衡、不充分问题依然比较突出。在上述背景下，2009 年，政府启动实施国家基本公共卫生服务项目，目的是对城乡居民健康问题实施干预措施，减少主要健康危险因素，有效预防和控制主要传染病和慢性病，提高公共卫生服务和突发公共卫生事件应急处置能力，使城乡居民逐步享有均等化的基本公共卫生服务。基本公共卫生服务项目根据经济社会发展状况、主要公共卫生问题和干预措施效果确定，并随着经济社会发展、公共卫生服务需要和财政承受能力适时调整，所需经费纳入政府预算。项目实施主体为基层医疗卫生机构，在农村地区为乡镇卫生院、村卫生室等。

三、加强基层医疗卫生服务体系建设

国家将继续加强基层医疗卫生服务体系建设，支持 500 家

县医院建设成三级医院，支持中西部地区基层医疗卫生机构标准化建设和设备提档升级，每个乡镇卫生院都有全科医生。同时加强乡村医生队伍建设，全面开展乡村医生申请执业（助理）医师资格考试，拓展乡村医生职业发展空间。开展乡镇卫生院服务能力评价，加强基层医疗卫生服务能力建设，持续改进医疗服务质量，提升基层就诊率和群众满意度。

四、开展和规范家庭医生签约服务

现阶段，我国家庭医生主要包括基层医疗卫生机构注册全科医生，以及具备能力的乡镇卫生院医师和乡村医生等。家庭医生为群众提供全生命周期、全流程的连续性、综合性健康服务，包括基本医疗服务、公共卫生服务和约定的健康管理服务。基本医疗服务包括常见病、多发病的中西医诊治，合理用药、就医路径指导和转诊预约等。健康管理服务主要是针对居民健康状况和需求，制订不同类型的个性化服务内容，包括健康评估、康复指导、家庭病床服务、家庭护理、中医药"治未病"服务、远程健康监测等。通过开展家庭医生签约服务，将间断性服务变为连续性服务，将单一的疾病治疗变为综合的健康管理。建立家庭医生签约服务制度，让群众患病后第一时间问诊自己的家庭医生，有利于形成基层首诊、双向转诊、急慢分治、上下联动的有序就医格局，促进分级诊疗制度的形成。

国家将继续大力推动和规范家庭医生签约服务工作，在稳定签约数量、巩固覆盖面的基础上，把工作重点放在提质增效上，签约一人、履约一人、做实一人。优先做好老年人、孕产妇、儿童以及高血压、糖尿病、结核病等慢性病和严重精神障碍患者等重点人群签约服务，落实健康扶贫要求，优先推进贫困人口签约。做实做细签约服务各项任务，统筹做好基本医疗和基本公共卫生服务，提高常见病多发病诊疗服务能力，推广预约诊疗服务，做好转诊服务，保障签约居民基本用药，推广实施慢病长处方用药政策，开展个性化签约服务。重点解决好签约居民的看病就医问题，鼓励发展个性化签约服务，满足居民多样的健康服务需求。

五、加强乡村中医药服务

中医药服务具有"简、便、验、廉"的特点，具有广泛的群众基础，充分发挥其在"治未病"中的主导作用、在重大疾病治疗中的协同作用、在疾病康复中的核心作用，是为广大农村居民提供全生命周期健康保障、建设健康乡村、助力健康扶贫、实现乡村振兴的重要组成部分。为有效解决人民群众就近看中医、方便看中医的问题，国家实施了基层中医药服务能力提升工程及其"十三五"行动计划。下一步将继续做好基层中医药服务能力提升工作，从加强乡镇卫生院和村卫生室条件建设、强化乡村中医药人才培养、发挥中医药特色优势、推广中医适宜技术等方面，不断扩大乡村中医药服务覆盖面，让更多的乡镇卫生院、村卫生室能够提供中医药服务，使中医医疗和养生保健延伸到更多的乡村和家庭，方便广大农村居民就近就医。不断丰富乡村中医药服务内涵，在乡镇卫生院建设更多的中医馆、国医堂，改善村卫生室中医药服务环境，让农村居民能够享受到集医疗、预防、保健、养生、康复于一体、全链条的中医药综合服务，有效提升农村居民中医药健康文化素养。不断提高乡村中医药服务水平，推动中医药服务从"有没有"到"好不好"再到"强不强"的转变和发展，筑牢健康乡村的服务网点，使中医药服务在广大农村更可及、更可得、更方便、更有效。

六、倡导优生优育

妇幼健康是优生优育的基础。结合新形势新需要，启动实施母婴安全行动计划，倡导优生优育，继续实施住院分娩补助政策，向孕产妇免费提供生育全过程的基本医疗保健服务，提高妇女常见病筛查率和早诊早治率，满足妇女儿童多样化、多层次的健康需要，让其获得感更加充实。实施健康儿童行动计划，加强儿童早期发展，加强儿科建设，加大儿童重点疾病防治力度，扩大新生儿疾病筛查，继续开展重点地区儿童营养改善等项目，让孩子们出生得平安、成长得健康，为经济社会发展提供源源不断的健康人力资源。加强出生缺陷综合防治，构建涵盖孕前、孕期、新生儿各阶段的出生缺陷防治体系，提高国民整体素质，推动中华民族永续发展。推动新时期计划生育技术服务转型，鼓励广大育龄妇女按照政策生育，促进人口长期均衡发展。实施妇幼健康和计划生育服务保障工程，提升孕产妇和新生儿危急重症救治能力，更好地保障妇女儿童健康。

七、深入开展乡村爱国卫生运动

爱国卫生运动是党和政府把群众路线运用于卫生防病工作的伟大创举和成功实践。1952 年我国成立了中央防疫委员会，9个月后更名为中央爱国卫生运动委员会，领导全国军民开展以消灭病媒虫害、预防控制传染病为主的卫生运动，揭开了我国爱国卫生运动的序幕。爱国卫生运动始终以解决人民生产生活中的突出卫生问题为主要内容，紧紧围绕不同时期的工作重点，先后开展了除"四害"、讲卫生、改水改厕、"五讲四美"、环境整治、卫生创建、健康宣传教育、健康城市、健康村镇建设等一系列富有成效的工作，为改善城乡环境、预防和控制疾病、提升群众文明卫生素质、促进人民健康发挥了不可替代的作用。实践证明，爱国卫生运动是中国特色社会主义事业的重要组成部分，也是一项得民心、顺民意的重大民生工程。

从 20 世纪 80 年代开始，为了改善城市环境脏、乱、差的面貌，我国启动了卫生城市创建工作。目前，国家已经命名卫生城市 259 个，占全国城市数的 36%。随着城镇化进程的加快，人口老龄化、慢性病和精神疾病高发、居民日益增长的健康需求等都要求提升卫生城市创建水平。2014年，我国明确提出探索开展健康城市建设，努力打造卫生城镇升级版。2016年7月，全国爱国卫生运动委员会印发《关于开展健康城市健康村镇建设的指导意见》（全爱卫发〔2016〕5号），重点建设领域集中在营造健康环境、构建健康社会、优化健康服务、培育健康人群、发展健康文化5个方面。到2030年，将建设一批健康城市、健康村镇示范市和示范村镇。

第十二章　乡村道德与法制振兴

第一节　加强农村思想道德建设

现代化农村必然是一个高度文明的农村，随着物质生活水平不断提高，农民群众的精神面貌和农村社会风尚已经发生了可喜变化。但要看到，随着社会开放水平的提高，个人主义、利己主义、功利主义、自由主义等带来的冲击也不容忽视。乡村振兴，既要塑形，又要塑魂。加强农村思想道德建设，是实施乡村振兴战略的重要内容。

一、加强农村思想道德建设是实施乡村振兴战略的重要任务

（一）有利于社会主义核心价值观的培育实践

习近平总书记强调，社会主义核心价值观是一个国家的重要稳定器，能否构建具有强大感召力的核心价值观，关系社会和谐稳定，关系国家长治久安。核心价值观，其实就是一种德，既是个人的德，又是一种大德，是国家的德、社会的德。因此，在核心价值观中，道德价值具有十分重要的作用。培育弘扬社会主义核心价值观，加强思想道德建设是主要途径。我国农村地域辽阔、人口众多，对广大农民群众开展思想道德教育，有利于在全社会培育和践行社会主义核心价值观，切实把社会主义核心价值观贯穿于社会生活的方方面面。

（二）有利于农村社会文明程度的不断提升

习近平总书记指出，人民有信仰，国家有力量，民族有希望。要提高人民思想觉悟、道德水平、文明素养，提高全社会文明程度。党的十九大报告在论述新的"三步走"战略时，明确提出到2035年基本实现社会主义现代化时，社会文明程度达到新的高度的目标任务。2019年中央一号文件也相应地提出了到2035年"乡风文明达到新高度"的乡村振兴目标。国无德不兴，人无德不立。一个民族、一个人能不能把握自己，很大程度上取决于道德价值。必须以思想道德建设为基础，发挥好道德的教化作用，提高农民群众思想道德水平，树立农村地区良好道德风尚，提升农村社会文明程度，为乡村振兴提供精神动力和道德滋养。

（三）解决当前乡风文明乱象的现实需要

当前，在全面建设小康社会进程中，我国农村经济建设蓬勃发展、社会转型日益加快，但乡风文明建设相对滞后，出现了一系列不良现象。比如，农民集体意识弱，"事不关己，高高挂起"的心态普遍存在，乡村秩序的基础受到冲击。优秀道德规范、公序良俗失效，不孝父母、不管子女、不守婚则、不睦邻里等现象增多，红白喜事盲目攀比、大操大办等陈规陋习盛行。要解决这些乱象，必须要加强农村思想道德建设，继承和发扬中华优秀传统美德，弘扬时代新风，教育引导农民群众向往和追求讲道德、尊道德、守道德的生活。

二、加强农村思想道德建设的主要任务

（一）培育弘扬社会主义核心价值观

采取符合农村特点的形式，通过教育引导、实践养成、制度保障等多种方式，推动社会主义核心价值观深入农民心中、融入农民生活。一是将其作为农村思想道德建设的一项根本任

务抓紧抓好。社会主义核心价值观，只有被普遍理解和接受，才能为农民群众自觉遵行。要把培育弘扬社会主义核心价值观作为保障乡村振兴战略顺利实施的凝魂聚气、固本强基的基础工程，坚持教育引导、舆论宣传、文化熏陶、实践养成、制度保障等多管齐下，使社会主义核心价值观内化为农民群众的精神追求，外化为农民群众的自觉行动。二是要立足农村优秀传统文化。我国数千年的农业文明传承，形成了崇尚和平、勤劳节俭、敦厚朴实、自强不息、尊老爱幼、邻里互助等传统美德，潜移默化地影响着农民群众的道德伦理和行为方式，至今，大多数农民群众对其仍具有较高的认同感。要坚持马克思主义道德观、坚持社会主义道德观，在去粗取精、去伪存真的基础上，坚持古为今用、推陈出新，深入挖掘农村优秀传统文化和传统美德，使其成为在农村地区培育弘扬社会主义核心价值观的道德滋养。要引导农民群众树立正确的义利观，加强诚信教育，化解市场经济的消极影响。三是要符合农村特点。要根据乡村熟人社会的特点，发挥好乡规民约、礼仪习俗的重要作用，使其成为农民群众的日常行为准则。要根据当前农村老人多、妇女多、孩子多、教育水平较低等特点，探索他们能够接受、愿意接受的社会主义核心价值观宣讲方式，吸引农民群众参与。

（二）加强农村思想道德阵地建设

发挥好农村基层党团组织、公共文化机构、各类学校和培训机构、爱国主义教育基地等思想文化建设阵地的主渠道作用，开展群众喜闻乐见的宣传教育活动。一是发挥好农村地区宣传文化机构和设施的主阵地作用。完善乡村两级公共文化服务网络建设，确保实现乡乡都有综合文化站、村村都有文化活动中心。整合基层宣传文化、党员教育、科学普及、体育健身等宣传文化资源，形成工作合力。利用各类民工学校、农民夜校、家政学校等途径，大力开展农民思想道德教育，宣传基本道德知识、道德规范和必要礼仪。积极开发优秀民族道德教育资源，利用各种爱国主义教育基地进行历史和革命传统教育。二是充分发挥农村基层组织和基层党员干部的引领作用。农村基层组织和基层党员干部在思想道德建设方面有着义不容辞的责任。农村基层党员干部作为农村社会生活的组织者和管理者，必须加强自身的道德修养，提升自己的道德境界，为广大农民群众作出榜样。要将思想道德教育纳入目标管理和重要议事日程，发挥好农村基层组织领导干部和广大党员干部的带头作用，大力宣传农村优秀传统美德、社会主义道德，及时有效地引导广大农民参与各类精神文明创建活动。三是将家庭教育、学校教育与社会教育有机结合起来。家庭是社会的基本细胞，是人生的第一所学校。要特别重视家庭建设，注重家教、家风，发扬光大中华民族传统家庭美德，让家庭成为思想道德建设的重要基点。学校是进行系统道德教育的重要阵地，要把教书与育人结合起来，科学规划不同年龄学生及各学习阶段的道德教育内容，发挥教师为人师表的作用，把道德教育渗透到学校教育各个环节。要把家庭教育与学校教育、社会教育结合起来，相互配合、相互促进，推动农民群众思想道德建设不断深化。

（三）实施公民道德建设工程

改进和创新思想道德建设的内容、形式、方法、手段、机制等，把公民道德建设提高到一个新的水平。一是要把握好公民思想道德建设的主要内容。从我国历史和现实的国情出发，社会主义道德建设要坚持以为人民服务为核心，以集体主义为原则，以爱祖国、爱人民、爱科学、爱社会主义为基本要求，以社会公德、职业道德、家庭美德为着力点，这是对公民道德建设提出的要求，也是农村思想道德建设应当把握的主要内容。二是要运用好开展公民思想道德建设的各种方式。要加强思想道德教育，综合利用家庭、学校、社会等阵地，在公民中进行道德教育，使其懂得什么是对的、什么是错的、什么是可以做的、什么是不应该做的、什么是必须提倡的、什么是坚决反对的。要深入开展群众性公民道德实践活动，突出思想内涵、强化道德要求，使其在自觉参与中思想感情得到熏陶、精神生活得到充实、道德境界得到升华。三是要积极营造有利于公民道德建设的良好氛围。要切实加强对公民道德建设的领导，将其作为十分重要的工作放在突出位置，并为其提供有利条件。努力为公民道德建设提供法律支持和政策保障，将教育与法律法规政策结合起来，把提倡与反对、引导与约束结合起来。积极营造良好社会氛围，一切思想文化阵地、精神文化产品都要宣传科学理论、传播先进文化、塑造美好心灵、弘扬社会正气、倡导科学精神，激励人们积极向上，追求真善美，坚决批评各种不道德行为和错误观念，帮助人们辨别是非、抵制假恶丑。

第二节　提升乡村德治水平

法安天下，德润人心。法律是成文的道德，道德是内心的法律。为政以德，譬如北辰，居其所，而众星共之。习近平总书记指出，要加强乡村道德建设，深入挖掘乡村熟人社会蕴含的道德规范，结合时代要求进行创新，强化道德教化作用，引导农民爱党爱国、向上向善、孝老爱亲、重义守信、勤俭持家。要培育富有地方特色和时代精神的新乡贤文化，发挥其在乡村治理中的积极作用。

一、强化道德教化作用

道之以德，齐之以礼，有耻且格。立德修身，依礼而行，是群众将社会规则内化于心、外化于行的过程，是构建和谐社会的深层基础。我国的乡村秩序比较稳定，与我国的讲德讲礼的文化传统有着密切关系。把中华传统的特色文化基因用好了，乡村治理就有了人文根基。

改革开放以来，市场意识、竞争意识、创新意识、开放意识、效益观念、科技观念、法治观念、环保观念等现代思想观念日益为农民所接受，给农业农村发展带来的影响越来越深入。与此同时，一些消极、落后的因素也在进入农村，个人主义、自由主义、享乐主义、拜金主义在农村潜移默化，不少地区农村社会的道德明显滑坡。提升乡村德治水平，面临的形势和任务相当艰巨。

要以培育和践行社会主义核心价值观为引领，深入挖掘"修身齐家治国平天下"的德治思想和"以礼为秩"的礼治传统，并与"富强、民主、文明、和谐，自由、平等、公正、法治，爱国、敬业、诚信、友善"的价值观念有机结合和创新，因地因村制宜建立农民群众认同、心口相传和共同遵守的道德规范体系。

道德规范不是摆设，要突出有形具体，增强农民群众的认同感、归属感、责任感和荣誉感。作为村里的"小宪法"，村规民约能够管到"法律够不着，道德管不住"的实际问题。要将社会公德、职业道德、家庭美德、个人品德规范充分体现到村规民约之中，不断强化教育引导作用，不断加强情感认同，不断沉淀公序良俗。充分利用各类爱国主义教育基地和乡村自身道德文化资源，努力通过形象化、可感知的方式，增强道德教化的感染力和吸引力。以相互关爱、服务社会为主题，围绕扶贫济困、应急救援、大型活动、环境保护等方面，围绕空巢老人、留守妇女儿童、困难职工、残疾人等群体，组织开展深化学雷锋志愿服务活动及各类形式的志愿服务活动，形成"我为人人、人人为我"的社会风气。新乡贤与当地农民有着深厚的渊源和紧密联系，他们在乡村德治中具有引领和带动作用。要培育富有地方特色和时代精神的新乡贤文化，发挥其在道德建设中的模范作用。

二、建立道德激励约束机制

推动乡村德治，既要注重正面褒奖，又要强化反面警示，对失德违德者进行惩戒，激励引导农村居民群众见贤思齐、崇德向善。要突出破立并举，在强烈对比中修德弘德。

总结各地成功做法和经验，广泛建设"道德银行""爱心超市"等平台，将道德建设从一般口号落实到可见可感可得实惠的实际操作层面，让树德立德者具有成就感、获得感，让崇德守德者在精神和物质上都得到肯定，充分激发群众参与道德建设的内生动力。通过群众说事、榜上亮德、帮教转化，让群众评议群众、让群众教育群众，促进群众自我教育、自我管理。推动建立村事家事的评议机制，发挥村民议事会、道德评议会、红白理事会、禁毒禁赌会等的作用，建好用好"红黑榜"平台，对正能量典型予以张榜通报表扬，对违德失德行为予以批评教育。通过评议评选、曝光教育、表彰奖励激发先进、树立典型的形式，形成浓厚的德治氛围。

诚信建设是道德建设的重要促进力量。要以信用户、信用村建设为切入点，丰富信用建设内容，强化农民群众的规则意识、信用意识、责任意识，助推形成淳朴民风、良好家风，助推形成修身律己、诚信守约的道德风尚。

三、弘扬真善美

榜样的力量是无穷的。道德模范和身边好人是推动乡村德治的重要旗帜，是美丽乡村社会风尚的引领者。学习先进典型，弘扬时代精神，身边人、身边事最有说服力，也最有感召力。乡村是中华传统美德的守护地，每天都有大量感人的事件在发生。只有把这些真实事件挖掘出来、传播开来，才能让真善美弘扬起来。

构建符合各地农村实际的荣誉体系，引导农民群众在学有标杆中修德弘德。开展文明乡村、文明家庭创建活动，选出一批文明村镇和星级文明户。广泛开展好媳妇、好儿女、好公婆等评选表彰活动，开展寻找最美乡村教师、医生、村干部、家庭等活动，通过身边人、身边事弘扬真善美，传播正能量。

第三节　建设法治乡村

全面依法治国，是新时代坚持和发展中国特色社会主义基本方略的重要内容。法治乡村必须紧跟时代、与时俱进，在推进新时代"三农"工作、实施乡村振兴战略等方面发挥保障和推动作用。

一、充分认识建设法治乡村的重要意义

建设法治乡村是推动全面依法治国的必然要求。国无常强，无常弱。奉法者强则国强，奉法者弱则国弱。在中国特色社会主义新时代，坚持不懈深化依法治国实践，对建设富强民主文明和谐美丽的社会主义现代化国家具有重要意义。建设法治乡村，把乡村各项工作纳入法治化轨道，坚持在法治轨道上统筹社会力量、平衡社会利益、调节社会关系、规范社会行为，是确保乡村既生机勃勃又井然有序的重要保障，是深化全面依法治国的必然要求。

建设法治乡村是实施乡村振兴战略的必然要求。党的十八大以来，以习近平同志为核心的党中央坚持把解决好"三农"问题作为全党工作重中之重，我国农业农村发展取得历史性成就、发生历史性变革。这些成就和变革，不仅为经济社会持续健康发展提供了坚实支撑，也为实施乡村振兴战略奠定了扎实基础。振兴乡村，需要加强法治建设，一方面，需要充分发挥法治的保障作用，及时将实践中行之有效的经验和做法上升为法律制度，以法的明确性、稳定性和强制力更好地规范和促进

农业农村发展；另一方面，需要充分发挥法治的引领和推动作用，将法治作为深化改革、促进发展的基本方式和重要举措，通过制度供给、制度创新等方式为农业农村发展提供动力。

建设法治乡村是完善乡村治理的必然要求。乡村治理是国家治理的重要组成部分。与改革初期农村社会各方利益总体一致、冲突不大相比，当前的农村社会利益取向多元、利益冲突增多。面对农村利益格局变化的新形势，法治作为调节利益分配、化解社会矛盾的基本方式，应当加强建设，从制度上理顺各种利益关系、平衡不同利益诉求，以充分发挥法治定纷止争的作用，增加农村社会和谐因素，提高乡村治理水平。

二、准确把握法治乡村的重点任务

农业农村是依法治国的重要领域。改革开放以来，按照中央要求，我国法治乡村建设取得了巨大成就。法律法规日益完善，农业农村法治总体有法可依。依法行政全面推进，各地各部门依法护农兴农的能力不断提高。法治宣传教育深入开展，干部群众依法办事、依法维权的习惯初步形成。在新的历史起点上，农业农村进入依法治理新阶段，法治乡村的地位作用更加重要。

（一）完善法律规范体系，强化法律权威地位

有法可依是法治乡村的前提和基础。党中央、国务院高度重视"三农"立法工作，立法机关将"三农"法律制度建设作为重点工作加以推进，目前基本上建立起了以《中华人民共和国农业法》为基础、以专门农业立法为主干、以相关立法涉农条款为补充的比较完善的法律体系。主要包括：为保障农业在国民经济中的基础地位制定了《中华人民共和国农业法》；为完善农业生产经营体制制定了《中华人民共和国农村土地承包法》《中华人民共和国农民专业合作社法》等法律行政法规；为加强农业资源管理和保护制定了《中华人民共和国土地管理法》《中

华人民共和国森林法》《中华人民共和国草原法》《中华人民共和国渔业法》《中华人民共和国取水许可和水资源费征收管理条例》《中华人民共和国退耕还林条例》等法律行政法规；为促进农业科研成果和实用技术应用制定了《中华人民共和国农业技术推广法》《中华人民共和国农业机械化促进法》《植物新品种保护条例》等法律行政法规；为保障农产品质量安全制定了《中华人民共和国农产品质量安全法》《乳品质量安全监督管理条例》等法律行政法规；为加强农业环境保护制定了《中华人民共和国环境保护法》《建设项目环境保护管理条例》等法律行政法规；为预防和减少农业灾害，制定了《中华人民共和国动物防疫法》《草原防火条例》等法律行政法规；为加强农村治理和有效化解矛盾，制定了《中华人民共和国村民委员会组织法》《中华人民共和国农村土地承包经营纠纷调解仲裁法》等法律行政法规。除这些规范农业领域的专门法律行政法规外，还有《中华人民共和国教育法》《中华人民共和国社会保险法》等法律行政法规中的部分条款对"三农"问题作出了规定。

虽然"三农"立法取得了显著成绩，主要领域也基本做到了有法可依，但是与中央对新时代"三农"工作的新要求相比，与农业农村的丰富实践相比，"三农"立法需要进一步修改完善，以增强法律法规的及时性、系统性、针对性、有效性，不断提高法律在维护农民权益、规范市场运行、农业支持保护、生态环境治理、化解农村社会矛盾等方面的权威地位。当前，立法的重点任务是要根据中央精神，做好实施乡村振兴战略的立法工作，对《中华人民共和国土地管理法》《中华人民共和国农村土地承包法》等进行修改完善。

（二）提高基层干部依法办事能力，完善矛盾预防化解机制

习近平总书记提出，各级领导干部要提高运用法治思维和法治方式深化改革、推动发展、化解矛盾、维护稳定，努力推动形成办事依法、遇事找法、解决问题用法、化解矛盾靠法的良好法治环境，在法治轨道上推动各项工作。基层干部直接与群众面对面地发生具体行政行为，基层干部能否依法行政、依法办事，直接影响着法律在群众中的威信，影响着群众对乡村法治建设的信心。目前个别基层干部不学法、不懂法、不用法，甚至徇私枉法的现象还存在。在碰到诸如农村社会治安、土地征收、房屋拆迁、食品安全、民间纠纷等热点难点问题时，还习惯于用"老路子""土办法"去解决，甚至"卖关子""送人情"，以权代法、以言代法、以情代法，损害了群众利益，导致社会矛盾增加，影响了乡村社会和谐稳定。2019年中央一号文件提出，增强基层干部法治观念、法治为民意识，将政府涉农各项工作纳入法治化轨道。这是党中央根据乡村法治形势对基层党组织和党员干部提出的要求，具有很强的指导性和针对性。

基层干部特别是领导干部要充分认识依法办事的重要性，着力强化依法决策、依法行政的意识，真正把依法办事作为行动自觉和行为准则，切实提高依法办事的能力。一是积极培育和树立法律意识和法律信仰。认真学习《中共中央关于全面推进依法治国若干重大问题的决定》《法治政府建设实施纲要（2015—2020年）》等决策部署，学习掌握中国特色社会主义法律体系，自觉运用法治思维和法治方式推进各项工作。二是坚持依法决策、科学决策。在制定出台政策措施、组织实施项目、安排部署工作时，要对是否合法合规进行论证，确保重要决策和改革措施符合法律法规的规定。要加强决策风险评估，创新群众参与方式，充分利用公开征求意见、召开听证会等方式，广泛听取群众意见，集中民智、汇聚民意，增强决策的科学性、可行性、有效性。三是完善农村矛盾纠纷预防化解机制。要加强源头治理、动态管理，建立健全乡村调解、县市仲裁、司法保障的农村土地承包经营纠纷调处机制，提前预防和主动化解矛盾纠纷。拓宽农村社情民意表达渠道，引导农民群众通过合法渠道解决争议和纠纷，力争将纠纷解决在初发阶段、将矛盾化解在基层。四是深入推进公正廉洁执法。切实规范执法行为，强化执法监督，严格落实执法责任，增强执法公信力。

（三）推动综合执法，充实基层执法力量

科学划分执法权限、合理配置执法力量，是完善执法体制、提高监管效能的基础。目前执法队伍多、力量分散、执法重复等问题在一些地方不同程度地存在，群众戏言"大盖帽漫天飞"，重复检查和处罚加重了群众负担。对此，要深入推进综合行政执法改革向基层延伸，推动执法队伍整合，创新监管方式。同时，行政执法是基层政府的基本职责，监管领域多、政策性强、敏感度高，情况复杂、难度大，要按照执法重心和执法力量下移的要求，充实加强基层一线执法力量，科学配置人员，保证重点领域执法需要，提高整体执法效能。

（四）加大乡村普法力度，健全法律服务体系

在有亿万农民的发展中大国，实现人人尊法、信法、守法，是一项长期而艰巨的历史任务。在普法方面，目前一些地方存在着"上层培训多、基层培训少""面向干部培训多、面向群众培训少""一般性法律培训多、专业性法律培训少""造势型普法多、深入式普法少"等问题。要按照党的十九大部署，深入开展乡村普法工作，真正把法律交给农民，让法治走进百姓心田。要创新普法工作方式方法，充分利用街区等场所建立法治文化阵地，广泛开展法律进乡村活动，努力提高法治在乡村的社会影响力。要大力宣传基层法治建设中的先进典型，通过各种形式交流好经验、好做法，不断提升农民法治素养。同时，要有效推动法律服务向乡村延伸，健全完善基层法律服务制度，规范基层法律服务执业行为，不断扩大法律援助范围，完善法律援助方式，方便群众获得法律服务和法律援助。

三、切实做好法治乡村建设的各项工作

党中央关于乡村振兴的大政方针已经明确，对各方面工作进行了明确部署。接下来就是要真刀真枪地干起来，把党中央的战略部署落到实处，把宏伟蓝图一步一步变成现实。应当看到，与中央全面推进依法治国的要求相比，与农业农村改革发展稳定的需求相比，建设法治乡村的任务还很重。

要进一步完善法律制度，使法律法规准确反映农业农村经济社会发展要求，更好协调利益关系，立得住、行得通、用得上。深化行政执法体制改革，加强乡村执法规范化建设。提高党员干部运用法治思维和法治方式深化改革、推动发展、化解矛盾、维护稳定的能力和水平。采取农民群众喜闻乐见的方式开展普法宣传工作，要健全农村公共法律服务体系，不断增强农民群众学法、尊法、守法、用法的意识和能力。

第十三章　鼓励社会各界投身乡村建设

功以才成，业由才广。人才是乡村振兴的第一资源，也是目前农业农村发展的短板。习近平总书记在参加 2018 年全国"两会"山东代表团审议时把人才振兴作为乡村振兴的五大要求之一。要完成乡村振兴这个宏大战略，需要汇聚全社会的力量，促进人才向农村流动，聚天下人才而用之，不断强化乡村振兴的人才支撑。

第一节　人才在城乡之间流动的通道亟须打通

长期以来，随着工业化、城镇化的快速推进，农村的大量劳动力流向城市，农村出去的人才也都留在了城市，导致乡村人气持续大幅下降，乡村人才"失血""贫血"情况严重，不仅"今后谁来种地"成为问题，农村治理、社会事业等方面的人才也严重短缺。近年来，随着经济社会的发展，农村对人才的吸引力不断增强。从产业发展来看，随着农业现代化快速推进，从事农业的比较效益不断提高；随着人们的消费开始转型升级，人们不满足于城市的喧嚣和快节奏，向往回归田园，享受乡村的宁静和悠闲，使休闲农业和乡村旅游得到快速发展；随着农村交通的通达和通信的覆盖，农村地区发展产业的物流、信息等短板正在弥补，同时农村地区的土地、厂房和人力资本优势凸显。从生活方式来看，人们不满足于城市的高楼大厦、钢筋水泥，更难以忍受城市的雾霾，青睐农村的乡土风情，向往农村优美的绿水青山；人们厌倦了用化肥、饲料种养出来的食品，越来越喜爱绿色生态有机农产品；人们越来越渴望得到人文关怀和精神慰藉，向往熟人社会。近年来，已经有不少工商资本投向农村，也有不少农民工返乡创业。这样的发展形势，为农村产业尤其是生态农业、乡村旅游、康养、文化等新产业新业态发展提供了新的动能，为美丽乡村建设带来了新机遇，为农民致富开拓了新空间。

但从总体上看，这些变化仍是局部的，远不能满足乡村振兴对人才的需求。特别是从制度安排和政策支持层面看，既有的城乡二元结构仍然制约着人才的流动。正是在这样的背景下，2019年中央一号文件提出，必须破解人才瓶颈制约，畅通智力、技术、管理下乡通道，鼓励社会各界投身乡村建设。

第二节　以乡情乡愁为纽带吸引社会各界人士

在大多数地区城乡差别仍然较大的情况下，在乡村工作和生活不仅苦和累，而且回报相对偏低，没有乡村情怀的人，是很难自觉自愿去乡村的。人们常说，往上数三代都是农民，很多城里人骨子里都有抹不掉的乡情乡愁，这是吸引城里人支持参与乡村振兴的重要基础。事实上，全国各地很多城里人以各种方式支持和参与乡村建设、很多农民工返乡创业就业，往往源于乡情的呼唤。我们要做好乡情文章，加强宣传引导，营造全社会共同支持参与乡村振兴的氛围，让社会各界人士充分认识乡村振兴的重大意义，充分认识投身乡村建设的前景，把支持参与乡村建设作为一项责任、一项荣誉、一项实现人生价值的新途径，增强积极性、主动性。2019年中央一号文件从乡村的实际需要出发，强调要吸引支持企业家、党政干部、专家学者、医生、教师、规划师、建筑师、律师、技能人才等，通过下乡担任志愿者、投资兴业、包村包项目、行医办学、捐资捐物、法律服务等方式，参与服务乡村振兴事业。在我国古代，有解甲归田、告老还乡的传统，返乡的官员、乡贤以不同的方式推动着中国古代乡村的发展和文化传承，可谓贡献巨大。当今，我们更渴望再兴起新的"上山下乡"热潮。

需要说明的是，吸引社会各界人士参与服务乡村振兴事业，并不一定要把行政关系转回农村，也不一定是让这些人常年待在农村，而是通过一定的平台和途径，让社会各界人士参与到乡村振兴的伟大实践中去，为农村发展作出贡献。可以是在农村创业，创办龙头企业、领办合作社，带领农民致富；可以是参与一个阶段的到农村支教、开展医疗服务，帮助农村发展社会事业；也可以是以项目为纽带，参与农村建筑景观设计，参与改造农村人居环境；还可以利用业余时间为农民讲课，开展健康咨询，送上文化"快餐"。组织形式可以是政府部门统一组织安排，也可以是群众团体、社会组织开展公益活动，还可以是个人自发行为。我们要以更加开放的胸襟吸引人才，用更加优惠的政策留住人才，还要以灵活的机制与城市共建共享人才，以柔性人才制度吸引全社会人才投身于乡村振兴。

事实上，随着交通的通达、网络的联通和人们就业方式、生活方式的多样化，以往那种工作地点和居住地点固化在某个地方的情形，已不再适用于相当一部分社会群体。他们完全可以在城市工作生活一段时间，再在农村工作生活一段时间，甚至这种工作和生活方式会成为一种时尚和追求。县、乡、村各级需要在乡村为他们搭建平台，并为之提供必要的住所以及安全、整洁、方便的人居环境。

第三节　建立有效的激励机制和政策体系

吸引社会各界人士投身于乡村振兴，根本之策是在乡村为他们搭建有前景、有作为、有收益、有干事创业的平台，让他们有成就事业、实现个人价值的空间。否则难以吸引人，更难以留住人，难以持续。为吸引工商资本和社会各界人士到农村投资兴业，2019 年中央一号文件提出：加快制定鼓励引导工商资本参与乡村振兴的指导意见，落实和完善融资贷款、配套设施建设补助、税费减免、用地等扶持政策，明确政策边界，保护好农民利益。为落实这一要求，需要把握住三点。一是制定好相关政策。以上提到的融资贷款、配套设施建设、税费、用地等方面，都是制约工商资本下乡的瓶颈，有些需要出台新的政策，有些已有相关政策但需要做好衔接工作，还有些要进一步明确政策内涵，增强可操作性。二是落实好政策。待中央新的政策出台后，各地要结合本地实际，提出实施意见。同时，对于已有的相关政策要进行梳理、集成、细化，并规范具体的操作程序，使其能够落地，具有可操作性。三是规范工商资本参与乡村振兴的管理。乡村振兴需要工商资本，但工商资本有着逐利的本性，如果放任不管，容易与农民争地、与农民争利，可能带来后患。因此，对工商资本参与乡村振兴要进行规范引导，应设置一定的政策底线，明确政策边界。

2019 年中央一号文件还提出，研究制定管理办法，允许符合要求的公职人员回乡任职。对此，一方面要看到，公职人员中聚集着大批社会精英人才，他们中有相当一部分人对农村怀有深厚的感情，也有到农村地区工作、创业的愿望；同时也要看到，由于国家对公务人员的管理有严格的法律法规规定，如何发挥好、规范好公务员参与乡村振兴的作用，还需在深入调研的基础上，结合乡村振兴的需要，大胆创新，研究制定管理办法。鼓励各地在符合国家法律法规的前提下，探索公务员、事业单位人员通过挂职、任职、兼职、留职停薪等办法参与乡村振兴的可行路子。

第四节　凝聚起全社会的力量

实施乡村振兴战略是全社会的庞大系统工程，党委政府更多的是组织领导和统筹，不可能事无巨细都去直接抓，需要凝聚起全社会的力量。群团组织和民主党派有着联系社会各方人士的优势，在我国革命和建设中都为国家作出了重大贡献，实施乡村振兴战略，也非常需要他们的支持和参与。特别要发挥好工会、共青团、妇联、科协、残联等群团组织的优势和力量，发挥各民主党派、工商联、无党派人士等的积极作用。近些年来，各地在这方面探索出了很多成功的路子，像民主党派发挥各自优势开展产业扶贫、智力扶贫，科协组织开展科技扶贫，共青团组织开展青年农场主培养，妇联组织关爱农村留守妇女和留守儿童等。下一步，各民主党派和各群团组织，要把组织动员社会力量支持参与乡村振兴作为重大政治任务，制定行动计划，明确目标、任务、责任，发挥各自的优势，以多种方式组织各领域的社会人士到乡村去投资、去创业、去建设、去服务，贡献自己的力量。

支持政策篇

第十四章 "三农"中央补贴重大项目

"三农"工作是全党工作的重中之重，国家设计了一系列项目对农业农村发展进行支持。本章以项目支持的主要任务为依据，对中央投资"三农"的相关政策进行梳理，总结出如下十大具体项目。

第一节 国家现代农业产业园

一、总体要求

国家现代农业产业园包括创建和认定两个阶段。

（一）创建阶段

《农业农村部 财政部关于开展 2018 年国家现代农业产业园创建工作的通知》（农计发〔2018〕11 号）指出，对地方申请创建的现代农业产业园，符合下述 7 个条件的，可批准创建国家现代农业产业园：

1. 主导产业特色优势明显

主导产业为本县（市、区）特色优势产业和支柱产业，在本省乃至全国具有较强的竞争优势。主导产业集中度高、上下游连接紧密，产业间关联度强，原则上数量为 1~2 个，产值占产业园总产值的比重达 50% 以上。主导产业符合"生产+加工+科技"的发展要求，种养规模化、加工集群化、科技集成化、营销品牌化的全产业链开发的格局已经形成，实现了一二三产业融合发展。

2. 规划布局科学合理

已制定产业园专项规划，并经所在地县级或以上政府批准同意，明确了产业园发展布局和区域范围。产业园种养、加工、物流、研发、服务等一二三产业板块已经形成，且相对集中、联系紧密。产业园专项规划与村镇建设、土地利用等相关规划相衔接，产业发展与村庄建设、生态宜居统筹谋划、同步推进，形成园村一体、产村融合的格局。

3. 建设水平区域领先

产业园生产设施条件良好，高标准农田占比较高，主要农作物耕种收综合机械化率高于本省平均水平，生产经营信息化水平高。现代要素集聚能力强，技术集成应用水平较高，职业农民和专业人才队伍初步建立，吸引人才创新创业的机制健全。生产经营体系完善，规模经营显著，新型经营主体成为园区建设主导力量。

4. 绿色发展成效突出

种养结合紧密，农业生产清洁，农业环境突出问题得到有效治理，"一控两减三基本"全面推行并取得实效。生产标准化、经营品牌化、质量可追溯，产品优质安全，绿色食品认证比重较高。农业绿色、低碳、循环发展长效机制基本建立。

5. 带动农民作用显著

产业园积极创新联农带农激励机制，推动发展合作制、股份制、订单农业等多种利益联结方式，推进资源变资产、资金变股金、农民变股东，农民分享二三产业增值收益有保障。在帮助小农户节本增效、对接市场、抵御风险、拓展增收空间等方面，采取了有针对性的措施，促进小农户和现代农业发展有机衔接。园区农民可支配收入原则上应高于当地平均水平的 30%。

6. 政策支持措施有力

地方政府支持力度大，统筹整合财政专项、基本建设投资等资金用于产业园建设，并在用地保障、财政扶持、金融服务、科技创新应用、人才支撑等方面有明确的政策措施，政策含金量高，有针对性和可操作性。水、电、路、讯、网络等基础设施完备。

7. 组织管理健全完善

产业园运行管理机制有活力，方式有创新，有适应发展要求的管理机制和开发运行机制。政府引导有力，多企业、多主体建设产业园的积极性充分调动，形成了产业园持续发展的动力机制。

(二) 认定阶段

自评认为达到认定条件的产业园，由所在地县级人民政府提出认定申请，省级农业农村部门、财政部门审核推荐，农业农村部、财政部认定。认定条件包括：

1. 主导产业发展水平全国领先

产业园年总产值超过 30 亿元，主导产业覆盖率达 60% 以上，适度规模经营率达 60% 以上，农产品初加工转化率达 80% 以上，农产品加工业产值与农林牧渔业总产值比达 3：1，园区年总产值超过 30 亿元。

2. 中央财政奖补资金使用高效规范

中央财政奖补资金使用进度原则上超过 80%。

3. 技术装备水平区域先进

科研经费投入同比增长 5% 以上，与 3 家省级以上科研教育单位设立合作平台，农业科技贡献率达 65% 以上，年培训高素质农民或农村实用人才总数达 200 人次以上。

4. 绿色发展成效突出

畜禽粪污综合利用率达 80% 以上，果菜茶等农作物有机肥替代化肥成效明显，园内农产品抽检合格率达 99% 以上。绿色、有机、地理标志农产品认证比例达 80% 以上。

5. 带动农民作用显著

园内 30% 以上的农户加入合作社联合经营，建立了"农户+合作社+公司""农户+公司"等发展模式，园内农民人均可支配收入比全县平均水平高 30% 以上。

6. 出现以下情况不得申请认定，并视情况追究责任

产业园如出现"大棚房"整改工作截至 2018 年 12 月底仍不到位；中央财政奖补资金直接用于企业生产设施投资补助、建设楼堂馆所、一般性支出；发生重大环境污染或生态破坏问题；发生重大农产品质量安全事故；提供虚假资料骗取创建资格等情形。

2017—2018 年，为贯彻落实中央关于推进现代农业产业园建设的部署和国务院领导同志指示，经县（市、区）申请、省级推荐、实地核查、现场答辩等公开竞争选拔程序后，农业农村部会同财政部，批准创建了 3 批 62 个国家现代农业产业园，并安排 1 亿元奖补资金支持国家现代农业产业园建设工作。2018 年，根据《农业农村部办公厅　财政部办公厅关于开展国家现代农业产业园创建绩效评价和认定工作的通知》（农办规〔2018〕15 号），农业农村部、财政部启动了首批国家现代农业产业园认定工作。经产业园创建绩效自评、所在县申请认定、省级审核推荐、创建绩效评价、现场考察等程序，国家现代农业产业园建设工作领导小组办公室研究提出了首批 20 个国家现代农业产业园拟认定名单。

二、主要目标

创建成一批产业特色鲜明、要素高度聚集、设施装备先进、生产方式绿色、一二三产业融合、辐射带动有力的国家现代农业产业园，形成乡村发展新动力、农民增收新机制、乡村产业融合发展新格局，带动各地加强产业园建设，构建各具特色的乡村产业体系，推动乡村产业振兴。截至 2019 年 3 月 1 日，全国共创建了 62 家国家现代农业产业园。

三、资金投入

每个创建的国家现代农业产业园中央财政资金约 1 亿元。

第二节　国家现代农业示范区

一、总体要求

根据《全国现代农业发展规划（2011—2015 年）》（国发〔2014〕4 号）的有关部署，按照《农业部关于创建国家现代农业示范区的意见》和《国家现代农业示范区认定管理办法》，截至 2019 年 3 月 1 日，已经认定 3 批 283 个国家现代农业示范区。创建示范区是党中央、国务院推进中国特色农业现代化建设的重大举措，对实现现代农业发展在点上突破，进而带动面上整体推进具有重要意义。

二、主要目标

以率先实现农业现代化为目标，以改革创新为动力，主动适应经济发展新常态，立足当前强基础，着眼长远促改革，加快转变农业发展方式，努力把示范区建设成为我国现代农业发展的"排头兵"和农业改革的"试验田"，示范引领中国特色农业现代化建设。

三、资金投入

《农业部办公厅　财政部办公厅关于选择部分国家现代农业示范区实施以奖代补政策的通知》（农办财〔2015〕25号）明确了在农业部认定的前两批153个国家现代农业示范区内，以县为单位择优评选符合条件的示范区。中央财政每年对选定的奖补示范区安排奖励资金1 000万元，连续安排3年。其中，第一批开展农业改革与建设试点的21个示范区2015年继续安排1 000万元，第二批开展农业改革与建设试点的4个示范区2015年、2016年各安排1 000万元。

第三节　国家农业科技园区

一、总体要求

国家农业科技园区定位于集聚创新资源，培育农业农村发展新动能，着力拓展农村创新创业、成果展示示范、成果转化推广和职业农民培训的功能。强化创新链，支撑产业链，激活人才链，提升价值链，分享利益链，努力推动园区成为农业创新驱动发展先行区、农业供给侧结构性改革试验区和农业高新技术产业集聚区，打造中国特色农业自主创新的示范区。主要有以下六大任务：

（一）全面深化体制改革，积极探索机制创新

以体制改革和机制创新为根本途径，在农业转方式、调结构、促改革等方面进行积极探索，推进农业转型升级，促进农业高新技术转移转化，提高土地产出率、资源利用率、劳动生产率。

（二）集聚优势科教资源，提升创新服务能力

引导科技、信息、人才、资金等创新要素向园区高度集聚。吸引汇聚农业科研机构、高等学校等科教资源，在园区发展面向市场的新型农业技术研发、成果转化和产业孵化机构，建设农业科技成果转化中心、科技人员创业平台、高新技术产业孵化基地。

（三）培育科技创新主体，发展高新技术产业

打造科技创业苗圃、企业孵化器、星创天地、现代农业产业科技创新中心等"双创"载体，培育一批技术水平高、成长潜力大的科技型企业，实现标准化生产、区域化布局、品牌化经营和高值化发展，形成一批带动性强、特色鲜明的农业高新技术产业集群。

（四）优化创新创业环境，提高园区双创能力

构建以政产学研用结合、科技金融、科技服务为主要内容的创新体系，提高创新效率。建设具有区域特点的农民培训基地，提升农民职业技能，优化农业从业者结构，培养适应现代农业发展需要的新农民。

（五）鼓励差异化发展，完善园区建设模式

全面推进国家农业科技园区建设，引导园区依托科技优势，开展示范推广和产业创新，培育具有较强竞争力的特色产业集群。按照"一园区一主导产业"，打造具有品牌优势的农业高新技术产业集群，提高农业产业竞争力。

（六）建设美丽宜居乡村，推进园区融合发展

走中国特色新型城镇化道路，探索"园城一体""园镇一体""园村一体"的城乡一体化发展新模式。强化资源节约、环境友好，确保产出高效、产品安全。推进农业资源高效利用、提高农业全要素生产率，发展循环生态农业。

二、主要目标

科学技术部关于印发《创新驱动乡村振兴发展专项规划（2018—2022 年）》的通知（国科发农〔2019〕15 号）指出，到 2022 年，建设 300 个左右的国家农业科技园区。《国家农业科技园区发展规划（2018—2025 年）》要求，到 2025 年，把园区建设成为农业科技成果培育与转移转化的创新高地，农业高新技术产业及其服务业集聚的核心载体，农村大众创业、万众创新的重要阵地，产城镇村融合发展与农村综合改革的示范典型。

第四节　国家农村产业融合发展示范园

一、总体要求

根据国家发展和改革委员会等 7 部门联合印发的《关于印发国家农村产业融合发展示范园创建工作方案的通知》（发改农经〔2017〕1451 号），国家农村产业融合发展示范园创建的基本原则包括坚持政府引导、市场主导，坚持因地制宜、创新发展，坚持利益联结、惠农富农，坚持严格标准、宁缺毋滥；总目标是按照当年创建、次年认定、分年度推进的思路，力争到 2020 年建成 300 个融合特色鲜明、产业集聚发展、利益联结紧密、配套服务完善、组织管理高效、示范作用显著的农村产业融合发展示范园，实现多模式融合、多类型示范，并通过复制推广先进经验，加快延伸农业产业链、提升农业价值链、拓展农业多种功能、培育农村新产业新业态。其具体创建要求如下：以深入推进农业供给侧结构性改革、加快培育农村发展新动能为主线，以完善利益联结机制为核心，以要素集聚和模式创新为动力，以农村产业融合发展示范园建设为抓手，着力打造农村产业融合发展的示范样板和平台载体，充分发挥示范引领作用，带动农村一二三产业融合发展，促进农业增效、农民增收、农村繁荣。

示范园的四大任务：探索多种产业融合模式，构建现代农业产业体系；培育多元化产业融合主体，激发产业融合发展活力；健全利益联结机制，让农民更多分享产业增值收益；创新体制机制，破解产业融合发展瓶颈约束。

（一）创建类型

各地要结合本地区实际，充分挖掘地域特色，围绕农业内部融合、产业链延伸、功能拓展、新技术渗透、产城融合、多业态复合六种类型，有针对性地创建农村产业融合发展示范园。为统筹整合资源和强化示范效应，已认定或正在创建的农业科技园等园区符合条件的，也可申请创建农村产业融合发展示范园。为提高示范园创建的多样性，避免类型过于单一或雷同，各省份要尽可能选择不同类型进行试点示范，每种类型至少选择1个。

（二）创建数量

2017 年首批创建国家农村产业融合发展示范园 100 个。其中，2016 年农林牧渔业总产值超过 5 000 亿元的省（区）创建数量不超过 5 个，其他省（区）不超过 3 个，直辖市和新疆生产建设兵团不超过 2 个，计划单列市不超过 1 个。

（三）创建条件

国家农村产业融合发展示范园原则上由县级政府申报创建，对隶属于地市级政府的项目应由地市级政府申报创建，每个县（市、区、旗、农场）或地（市）政府只能申报创建1个国家农村产业融合发展示范园。申报创建国家农村产业融合发展示范园应符合以下基本条件：县（市、区、旗、农场）高度重视农村产业融合发展工作，已成立由主要领导挂帅的领导小组，新产业新业态发展具备一定基础，且建设示范园的意愿积极；示范园发展思路清晰、功能定位明确，规划布局合理、建设水平领先，产业特色鲜明、融合模式新颖、配套设施完善、组织管理高效、利益联结紧密、示范作用显著。具体创建条件由各省份根据上述要求，结合本地实际细化确定。同等条件下，优先支持农村产业融合发展试点示范县创建农村产业融合发展示范园。

（四）创建程序

由县（市、区、旗、农场）或地市政府根据本省份创建条件，组织承建单位编制国家农村产业融合发展示范园创建方案，并评审确定最优项目后，向省级发展改革委提出创建申请。省级发展改革委组织相关部门或专家对创建方案进行评审，按照竞争性选拔原则和本省份示范园控制数量，择优确定示范园名单，并上报国家发展和改革委员会，国家发展和改革委员会汇总后会同有关部门公布创建名单。按照"当年先创建、次年再认定"的原则，由县（市、区、旗、农场）或地市政府根据国家有关部门公布的示范园名单，按照省级发展改革委评审通过的创建方案，组织开展示范园创建工作。创建工作满一年后，由省级发展改革委会同有关部门组织验收并将验收结果上报国家发展和改革委员会，国家发展和改革委员会会同有关部门对验收合格的正式认定为国家农村产业融合发展示范园，对示范效果不显著、验收不合格的不予认定并撤销创建资格，同时在下批次组织申报示范园创建工作时，相应减少该省份的名额。

二、主要目标

坚持高起点、高标准认定示范园，到 2020 年在全国范围内分 3 批次认定 300 家示范园，其中每年每批次认定 100 家。

第五节　农村一二三产业融合发展先导区

一、总体要求

根据《国务院办公厅关于推进农村一二三产业融合发展的指导意见》（国办发〔2015〕93 号）精神，农业农村部决定支持各地培育打造和创建农村一二三产业融合发展先导区（以下简称"融合发展先导区"），做大做强支柱产业和融合发展各类经营主体。

二、主要目标

县乡等行政区或某一产业集聚区已经形成了相对成型、成熟的融合发展模式和全产业链条，产业价值链增值和区域品牌溢价效果已初步显现，市场竞争已经由产品竞争上升到产业链竞争的新高度，并且其做法经验可复制、可推广，能够在全国发挥标杆引领和典型示范作用。

三、资金投入

从 2018 年开始，每个创建通过的先导区，国家将给予2 000 万~3 000万元补助资金。

第六节　农业对外开放合作试验区

一、总体要求

根据《农业对外合作"两区"建设方案》（农外发〔2016〕3 号）和《农业部关于组织开展境外农业合作示范区和农业对外开放合作试验区建设试点的通知》（农外发〔2016〕4 号）的

要求，申报试验区的县（市、区）须符合以下基本要求：试验区具备地缘、人文、经贸合作、产业特色优势，辐射带动农业对外开放合作的潜力大。推动农业对外开放合作工作协调机制健全，农业对外合作基础良好，农业外事、外经、外贸机构和人员队伍完整。市场主体农业对外合作意识较强，重视农产品品牌、技术"走出去"，农产品产业链、物流链、价值链等环节国际化程度较高。已设有或已纳入国家自主创新示范区、国家综合配套改革试验区、自由贸易试验区、跨境经济合作区、边境经济合作区、华侨经济文化合作试验区、高技术产业基地、农产品出口基地、农业"走出去"人才培训基地等各类试验区（基地）的县（市、区），在同等条件下优先考虑。省级农业行政主管部门要为农业对外开放合作试验区建设试点创造良好条件和宽松环境，政策、项目和资金向农业对外开放合作试验区倾斜，因地制宜加强指导、服务和监管，每年6月下旬和12月下旬分别向农业农村部报送建设试点的年中评估报告和年度总结报告。

二、主要目标

创建农业对外开放合作试验区目标是打造4个平台：一是国际投资新规则对接平台；二是农业对外合作政策集成试验平台；三是农业对外合作服务平台；四是农业引资引智引技支撑平台。

第七节　农业可持续发展试验区

一、总体要求

依据《全国农业可持续发展规划（2015—2030年）》的区域布局，立足不同区域资源环境条件，在严格保护自然生态系统的前提下，明确区域农业可持续发展重点。东北区以保护黑土地、控制地下水开采、构建种养结合农业产业链为重点，加快推进现代粮畜产品生产基地建设。黄淮海区以治理地下水超采、秸秆禁烧、化肥、农药减施、提升耕地质量为重点，稳定发展粮食和"菜篮子"产品。长江中下游区以发展循环农业、水产标准化健康养殖、综合治理农业面源污染和耕地重金属污染为重点，特别是平原水网地区要科学确定生猪养殖规模，加强畜禽水产粪污资源化利用，改善农业农村环境。华南区以化肥、农药减施、红壤改良为重点，加强"南菜北运"基地建设，构建优质安全的热带亚热带农产品生产体系。西北及长城沿线区以水资源高效利用、草畜平衡为重点，突出生态屏障、特色产区、稳农增收三大功能，大力发展旱作节水农业和草牧业，加强地膜回收综合利用，特别是农牧交错带突出调整种植结构，促进农牧结合，推进生态保护与修复。西南区突出石漠化治理、小流域综合治理、中低产田改造、草地资源合理开发利用，在生态保护中发展特色农业。青藏区突出三江源等江河源头生态保护，严守生态保护红线，加强草原保护建设，以草定畜发展草地生态畜牧业，实现草原生态整体好转，筑牢国家生态安全屏障。海洋渔业区严格控制海洋渔业捕捞强度，加强禁渔期监管，开展水生生物资源增殖和环境修复，科学发展海洋牧场，保护滨海滩涂湿地生态环境，稳定近海养殖规模，控制养殖污染，保护海洋生态环境。

本着"成熟一批确定一批"的原则，按照"创建主体申请，省级农业行政主管部门会同有关厅局推荐，农业农村部会同有关部委确定"的程序，从 2017 年起开展试验示范区确定工作。由参加创建的试验示范区所在地方人民政府提出申请，将试验示范区建设方案送至省级农业行政主管部门。建设方案应充分体现试验示范区建设的整体推进思路、建设目标、主要内容、技术模式、运行机制等内容，突出产业和区域重点。省级农业行政主管部门会同国家发展和改革委员会、科学技术部、财政部、国土资源部、环境保护部、水利部、国家林业和草原局等初审通过后，推荐至农业农村部。农业农村部会同国家发展和改革委员会、科学技术部、财政部、国土资源部、环境保护部、水利部、国家林业和草原局等部委开展评估确定工作，依据试验示范区评价指标体系（另行制定印发），共同组织答辩论证后，将符合条件的创建主体确定为"国家农业可持续发展试验示范区"。

截至 2019 年 3 月 1 日，共发布 40 家国家农业可持续发展试验示范区，分别为浙江省、江苏省徐州市、江苏省泰州市、福建省漳州市、福建省南平市、山东省枣庄市、河南省平顶山市、湖北省咸宁市、云南省玉溪市、北京市顺义区、天津市武清区、河北省承德市围场县、山西省晋城市高平市、山西省临汾市蒲县、内蒙古自治区巴彦淖尔市杭锦后旗、辽宁省朝阳市喀左县、吉林省吉林市舒兰市、吉林省通化市通化县、黑龙江省大庆市肇源县、上海市崇明区、安徽省阜阳市颍上县、江西省宜春市丰城市、湖北省宜昌市夷陵区、湖南省岳阳市屈原管理区、湖南省常德市澧县、广东省河源市东源县、广东省江门市恩平市、广西壮族自治区贺州市钟山县、海南省琼海市、重庆市璧山区、四川省自贡市荣县、贵州省遵义市凤冈县、云南省曲靖市马龙县、西藏自治区日喀则市仲巴县、陕西省渭南市华州区、甘肃省张掖市高台县、青海省海北州刚察县、宁夏回族自治区吴忠市青铜峡市、新疆维吾尔自治区伊犁哈萨克自治州特克斯县、新疆生产建设兵团第八师石河子总场。

二、主要目标

坚持节约资源和保护环境的基本国策，综合考虑各地资源环境承载力、生态类型和农业发展基础条件，探索农业生产与资源环境保护协调发展的有效途径，治理当前农业农村环境突出问题，形成可复制、可推广的技术路径与运行机制，重点围绕农业产业可持续、资源环境可持续、农村社会可持续三个方面内容，整合各项碎片化的单项措施，系统谋划、分工协作、综合施策、统筹推进。

第八节　田园综合体

一、总体要求

财政部在 2017 年发布《关于开展田园综合体建设试点工作的通知》（财办〔2017〕29 号），确定开展田园综合体建设试点。试点包括如下立项条件。

（一）功能定位准确

围绕有基础、有优势、有特色、有规模、有潜力的乡村和产业，按照农田田园化、产业融合化、城乡一体化的发展路径，以自然村落、特色片区为开发单元，全域统筹开发，全面完善基础设施。突出农业为基础的产业融合、辐射带动等主体功能，具备循环农业、创意农业、农事体验一体化发展的基础和前景。明确农村集体组织在建设田园综合体中的功能定位，充分发挥其在开发集体资源、发展集体经济、服务集体成员等方面的作用。

（二）基础条件较优

区域范围内农业基础设施较为完备，农村特色优势产业基础较好，区位条件优越，核心区集中连片，发展潜力较大；已自筹资金投入较大且有持续投入能力，建设规划能积极引入先进生产要素和社会资本，发展思路清晰；农民合作组织比较健全，规模经营显著，龙头企业带动力强，与村集体组织、农民及农民合作社建立了比较密切的利益联结机制。

（三）生态环境友好

能落实绿色发展理念，保留青山绿水，积极推进山水田林湖整体保护和综合治理，践行看得见山、望得到水、记得住乡愁的生产生活方式。农业清洁生产基础较好，农业环境突出问题得到有效治理。

（四）政策措施有力

地方政府积极性高，在用地保障、财政扶持、金融服务、科技创新应用、人才支撑等方面有明确举措，水、电、路、网络等基础设施完善。建设主体清晰，管理方式创新，搭建了政府引导、市场主导的建设格局。积极在田园综合体建设用地保障机制等方面作出探索，为产业发展和田园综合体建设提供条件。

（五）投融资机制明确

积极创新财政投入使用方式，探索推广政府和社会资本合作，综合考虑运用先建后补、贴息、以奖代补、担保补贴、风险补偿金等，撬动金融和社会资本投向田园综合体建设。鼓励各类金融机构加大金融支持田园综合体建设力度，积极统筹各渠道支农资金支持田园综合体建设。严控政府债务风险和村级组织债务风险，不新增债务负担。

（六）带动作用显著

以农村集体组织、农民合作社为主要载体，组织引导农民参与建设管理，保障原住农民的参与权和受益权，实现田园综合体的共建共享。通过构建股份合作、财政资金股权量化等模式，创新农民利益共享机制，让农民分享产业增值收益。

（七）运行管理顺畅

根据当地主导产业规划和新型经营主体发展培育水平，因地制宜探索田园综合体的建设模式和运营管理模式。可采取村集体组织、合作组织、龙头企业等共同参与建设田园综合体的方式，盘活存量资源、调动各方积极性，通过创新机制激发田园综合体建设和运行的内生动力。

（八）不予受理的情况

未突出以农为本，项目布局和业态发展上与农业未能有机融合，以非农业产业为主导产业；不符合产业发展政策；资源环境承载能力较差；违反国家土地管理使用相关法律法规，违规进行房地产开发和私人庄园会所建设；乡、村举债搞建设；存在大拆大建、盲目铺摊子等情况。

二、主要目标

河北、山西、内蒙古、江苏、浙江、福建、江西、山东、河南、湖南、广东、广西、海南、重庆、四川、云南、陕西、甘肃作为试点，每个试点安排试点项目1~2个，实现"村庄美、产业兴、农民富、环境优"的目标。

三、资金投入

（一）国家级田园综合体

每年6 000万~8 000万元，连续三年，如河北迁西县花香果巷项目，第一年8 000万元资金已经到位。

（二）省级田园综合体

每年3 000万~6 000万元，根据省份内的具体情况进行安排，如在江苏省2017年田园综合体建设试点中，南京市和兴化市各安排3 500万元。

第九节　国家级制种大县

一、总体要求

按照《农业部关于开展国家级杂交水稻和杂交玉米种子生产基地认定工作的通知》（农种发〔2013〕1号），国家级杂交水稻和杂交玉米种子生产基地的认定条件为：杂交水稻、杂交玉米种子生产自然环境优越，种子生产基础设施比较完善，区域内无检疫性有害生物。国家级杂交水稻种子生产基地县（市、区）和地（市），近3年种子生产面积分别达到3万亩和15万亩以上。国家级杂交玉米种子生产基地县（市、区）和地（市），近3年种子生产面积分别达到5万亩和35万亩以上。基地所在地（市）、县（区、市）种子管理机构健全，种子生产技术和质量管理工作规范，近3年未发生种子生产重大责任事故。当地政府有扶持制种产业发展的规划，制定了支持种子生产基地建设、维护基地生产秩序的政策措施，基地生产秩序良好。生产基地有大中型种子企业常年进行种子生产，并对通过土地流转等方式形成规模化基地的予以优先。根据《农业部办公厅关于第一批区域性良种繁育基地认定工作的通知》（农办种〔2016〕23号），要求第一批区域性良种繁育基地认定范围包括杂交小麦、马铃薯、棉花、大豆、油菜、西甜瓜、柑橘、苹果、甘蔗、梨、葡萄、桃、茶等作物种子基地，以及冬繁、夏繁等特色育制种基地。申报认定区域性良种繁育基地，应具备以下条件。

（一）有一定生产规模

以基地县为单位申报的，要求与其他基地县相比生产规模位居全国前列，且近3年年均种子生产面积为马铃薯4万亩以上、棉花2万亩以上、大豆10万亩以上、油菜1.5万亩以上；杂交小麦、西甜瓜、柑橘、苹果、甘蔗、梨、葡萄、桃、茶等，其基地县年度种子（苗）产量原则上不低于该作物全国年度用种总量的3%。以基地市为单位申报的，要求与其他基地市相比，生产规模位居全国前列，且近3年年均种子生产面积为马铃薯15万亩以上、棉花6万亩以上、大豆30万亩以上、油菜4.5万亩以上；杂交小麦、蔬菜、西甜瓜、柑橘、苹果、甘蔗、梨、葡萄、桃、茶等，其基地市年度种子（苗）产量，原则上不低于该作物全国年度用种总量的 9%。同时，基地种子（苗）具有较好市场需求，近 3 年种子调出量应占基地种子生产量的 60%以上。

（二）生产条件较好

种子生产自然环境优越，基础设施比较完善，区域内无检疫性有害生物。

（三）基地集中稳定

基地种子生产区域相对集中，近 3 年种子生产面积基本稳定。主要农作物种子基地县至少有 1 家企业常年从事种子生产活动，主要农作物种子基地市至少有 2 家企业常年从事种子生产活动，育繁推一体化企业常年驻地生产种子的基地予以优先认定。

（四）监管能力较强

基地所在地种子管理机构健全，种子生产技术和质量管理工作规范，近年来未发生种子生产重大责任事故，种子生产秩序良好。

（五）当地政府重视

当地政府有扶持种子基地发展的规划，或制定了支持种子基地建设发展的政策措施，有稳定的种子管理工作经费。

二、主要目标

国家级杂交水稻、杂交玉米种子生产基地和区域性良种繁育基地是保障良种供应的重要平台，未来将构建 52 个两杂基地、100 个区域性良繁基地，并实行动态管理、能进能退。

三、资金投入

在农业农村部认定的国家级制种大县、海南南繁基地市县、区域性良种繁育基地核心县（农场）范围内，根据农业产业发展需要，选择重点市县（农场）给予奖励。奖励资金实行定额补助，一定三年，分为两档：超大规模制种大县三年共奖励4 500万元；其他制种大县三年共奖励3 000万元。分年度奖励资金由中央财政综合考虑预算安排等情况合理确定。对纳入常态化奖励的海南南繁基地市县、区域性良种繁育基地核心县实行1 000万元定额补助。制种大县奖励资金由中央财政测算分配到县，省级财政负责拨付和监督。省级财政须在中央财政印发拨款文件后30日内办理拨款，将奖励资金按中央财政分配结果全额拨付到县级财政，不得截留、挪用。制种大县奖励资金要全部用于制种基地基础设施建设、制种监管、新品种科技试验示范、仪器设备购置等制种产业发展相关支出。

第十节　特色小镇

一、总体要求

2018 年 8 月 30 日，国家发展和改革委员会发布《国家发展改革委办公厅关于建立特色小镇和特色小城镇高质量发展机制的通知》（发改办规划〔2018〕1041 号），提出特色小镇现已由国家发展和改革委员会主导，并成为当前特色小镇建设的主要参考文件。此前住房和城乡建设部、国家发展和改革委员会、财务部三部委联合发布的《关于开展特色小镇培育工作的通知》（建村〔2016〕147 号）文件将不被作为相关依据，特色小镇与特色小城镇的探索将会有巨大变动。

特色小镇和特色小乡镇的界定条件如下。

（一）特色小镇是非建制镇

立足一定资源禀赋或产业基础，区别于行政建制镇和产业园区，利用 3 平方千米左右国土空间，其中建设用地为 1 平方千米（1 平方千米建设用地的概念是首次提出，这意味着以后特色小镇区域内用于房地产建设面积最多不得超过三成，此前许多房企主导的特色小镇的商业地产面积大多超过90%，此类特色小镇将被淘汰）。在差异定位和领域戏份中构建小镇大产业，集聚高端要素和特色产业，兼具特色文化、特色生态和特色建筑等鲜明魅力，打造高效创业圈、宜居生活圈、繁荣商业圈、美丽生态圈，形成产业特而强、功能聚而合、形态小而美、机制新而活的创新创业平台。

（二）特色小城镇是建制镇

立足工业化、城镇化发展阶段和发展潜力，打造特色鲜明的产业形态、便捷完善的设施服务、和谐宜居的美丽环境、底蕴深厚的传统文化、精简高效的体制机制，实现特色支柱产业在镇域经济中占主体地位、在国内国际市场占一定份额，拥有一批知名品牌和企业，镇区常住人口达到一定规模，带动乡村振兴能力，形成具有核心竞争力的行政建制镇排头兵和经济发达镇升级版。

二、资金投入

在金融方面，搭建政银对接服务平台，即国家政府开始主动搭建平台，进行政银对接服务，在债务风险可控的前提下提供长周期、低成本的融资服务，支持产业发展及基础设施、公共服务设施、智慧化设施等方面的建设。

第十五章　"三农"中央财政奖补工程

第一节　粮食产能提升工程

一、高标准农田建设项目

（一）总体要求

农田是农业生产的重要物质基础要素，2012年的中央一号文件要求，加强高标准农田建设，加快永久基本农田划定工作，启动耕地保护补偿试点。

2013年3月，财政部印发《国家农业综合开发高标准农田建设规划》（财发〔2013〕4号），制定的总体发展目标为：到2020年，改造中低产田、建设高标准农田4亿亩，其中通过农业综合开发资金投入完成3.4亿亩，通过统筹和整合农业、水利等相关部门财政性资金完成0.6亿亩；完成1 575处重点中型灌区的节水配套改造；亩均粮食生产能力比实施农业综合开发前提高100千克以上。其中，"十二五"期间建成4亿亩，建成的高标准农田集中连片，田块平整，配套水、电、路设施完善，耕地质量和地力等级提高，科技服务能力得到加强，生态修复能力得到提升。

（二）主要目标

高标准农田建设目标主要涉及田、土、水、路、林、电、技、管8个方面。

1. 田

农田是农业生产的重要载体，田块相对集中、土地平整是实现农业生产机械化、规模化的前提。通过归并和平整土地、治理水土流失，实现连片田块规模适度，耕作层厚度增加，基础设施占地率降低，丘陵区梯田化率提高。

2. 土

土壤是农作物生长的物质基础，提高土壤质量是推广良种良法、实现农业增产增效的重要条件。通过土壤改良改善土壤质地，增加农田耕作层厚度。

3. 水

水利是农业的命脉，是现代农业建设不可或缺的首要条件。通过大力加强农田水利设施建设、加快推广节水增效灌溉技术，增加有效灌溉面积，提高灌溉保证率、用水效率和农田防洪排涝标准。

4. 路

田间道路是机械化作业的基本前提。通过田间道（机耕路）和生产路建设、桥涵配套，解决农田"路差、路网布局不合理"的问题，合理增加路面宽度，提高道路的荷载标准和通达度，满足农业机械通行要求。

5. 林

农田林网、岸坡防护、沟道治理等农田防护和生态环境保持工程是农业防灾减灾的重要生态屏障。通过农田防护和生态环境保持工程建设，解决防护体系不完善、防护效能不高等问题，扩大农田防护面积，提高防御风蚀能力，减少水土流失，改善农田生态环境。

6. 电

必要的输配电设施是发展现代农业的重要保障。结合农村电网改造等工程建设，通过完善农田电网、配备必要的输配电设施，满足现有机井、河道提水、农田排涝、喷微灌等设施应用的电力需求，降低农业生产成本，提高农业生产的效率和效益。

7. 技

科技进步是农业发展的根本出路。通过加快推广农业良种良法、大力发展农业机械化，完善农技社会化服务体系，增强服务能力，提高良种覆盖率、肥料利用率、农林有害生物统防统治覆盖率和耕种收综合机械化水平。

8. 管

建后管护是确保建成的高标准农田长久发挥效益的关键。通过明确管护责任、完善管护机制、健全管护措施、落实管护资金，确保建成的高标准农田数量不减少、用途不改变、质量有提高。

建设内容主要包括：整治田块、改良土壤、建设排灌设施、修理田间道路、完善农田防护与生态环境保持体系、配套农田输配电设施、加强农业科技服务、强化后续管护8项。

（三）资金投入

根据财政部2016年第84号令，将高标准农田建设纳入农业综合开发项目中。规定农业综合开发可以采取补助、贴息等多种形式，吸引社会资金，增加农业综合开发投入。要求国家农业综合开发办公室根据农业综合开发项目的类型和扶持对象，规定项目自筹资金的投入比例。鼓励土地治理项目所在地的农村集体和农民以筹资投劳的形式进行投入。

二、东北黑土地保护项目

（一）总体要求

2017年，农业部会同国家发展和改革委员会、财政部、国土资源部、环境保护部、水利部组织编制了《东北黑土地保护规划纲要（2017—2030年）》。2018年5月，农业农村部种植业管理司发布《关于做好东北黑土地保护利用试点县遴选工作的通知》（农农（耕肥）〔2018〕11号），逐步推进东北黑土地保护利用项目实施。

（二）主要目标

强化绿色发展理念，坚持生态为先、保护为重，坚持在发展中保护、在保护中发展，实现黑土地资源的永续利用；推进用地与养地结合、种植与养殖结合、工程与农艺结合，有效控制黑土退化，全面提升黑土地质量。要坚持用养结合，保护利用；重点突出，综合施策；统筹安排，连片实施；政策引导、社会参与的原则。路径上要突出"控、增、保、养"，即控制黑土流失、增加有机质含量、保水保肥和黑土养育。抓好有机肥资源利用增肥、粮豆轮作培肥、缓坡地治理护肥和应用新技术节肥4项重点任务。

主要内容包括：采取政府购买服务、物化补助等方式，支持开展控制黑土流失、增加土壤有机质含量、保水保肥、黑土养育、耕地质量监测评价等技术措施和工程措施，鼓励和支持新型农业经营主体承担实施任务。

（三）资金投入

农业部、财政部发布《农业部财务司　财政部农业司关于做好东北黑土地保护利用试点工作的通知》（农财金函〔2015〕38号），安排中央财政专项资金5亿元，在东北三省和内蒙古的19个县（市、区）启动实施东北黑土地保护利用试点项目，并成为中央财政农业生产发展主要项目。

三、轮作休耕项目

（一）总体要求

农业部会同中央农村工作领导小组、国家发展改革委员会、财政部、国土资源部、环境保护部、水利部、食品药品监管总局、国家林业和草原局、粮食局联合印发了《探索实行耕地轮作休耕制度试点方案》。要求耕地轮作休耕要坚持生态优先、综合治理、轮作为主、休耕为辅，突出重点区域、加大政策扶持、强化科技支撑，加快构建耕地轮作休耕制度，促进生态环境改善和资源永续利用。

实施区域：轮作主要在东北冷凉区、北方农牧交错区开展试点，休耕主要在地下水漏斗区、重金属污染区、生态严重退化地区开展试点。

（二）主要目标

轮作面积 500 万亩，其中黑龙江省 250 万亩、内蒙古自治区 100 万亩、吉林省 100 万亩、辽宁省 50 万亩；休耕 116 万亩，其中河北省黑龙港地下水漏斗区季节性休耕 100 万亩，湖南省长株潭重金属污染区连年休耕 10 万亩，贵州省和云南省石漠化区连年休耕 4 万亩，甘肃省生态严重退化地区连年休耕 2 万亩。力争用 3~5 年时间，初步建立耕地轮作休耕组织方式和政策体系，集成推广种地养地和综合治理相结合的生产技术模式，探索形成轮作休耕与调节粮食等主要农产品供求余缺的互动关系。

对于轮作，重点推广"一主四辅"种植模式："一主"是指实行玉米与大豆轮作；"四辅"是指实行玉米与马铃薯等薯类轮作，实行籽粒玉米与青贮玉米、苜蓿、草木樨、黑麦草、饲用油菜等饲草作物轮作，实行玉米与谷子、高粱、燕麦、红小豆等耐旱耐瘠薄的杂粮杂豆轮作，实行玉米与花生、向日葵、油用牡丹等油料作物轮作。

对于休耕，地下水漏斗区连续多年季节性休耕，实行"一季休耕、一季雨养"，将需抽水灌溉的冬小麦休耕，只种植雨热同季的春玉米、马铃薯和耐旱耐瘠薄的杂粮杂豆。重金属污染区连续多年休耕，采取施用石灰、翻耕、种植绿肥等农艺措施，以及生物移除、土壤重金属钝化等措施，修复治理污染耕地。

生态严重退化地区连续休耕 3 年，改种防风固沙、涵养水分、保护耕作层的植物，同时减少农事活动，促进生态环境改善。

（三）资金投入

农业部会同财政部整合部分项目资金，支持开展耕地轮作休耕制度试点。

1. 补助资金

中央财政安排 14.36 亿元，其中轮作补助资金 7.5 亿元，休耕补助资金 6.86 亿元。

2. 补助标准

对于轮作，与不同作物的收益平衡点相衔接，互动调整，保证农民种植收益不降低，按照每年每亩 150 元的标准安排补助资金。对于休耕，与原有的种植收益相当，不影响农民收入，河北省黑龙港地下水漏斗区季节性休耕每年每亩补助 500 元，湖南省长株潭重金属污染区全年休耕每年每亩补助 1 300 元（含治理费用），贵州省和云南省两季作物区全年休耕每年每亩补助 1 000 元，甘肃省一季作物区全年休耕每年每亩补助 800 元。

3. 补助方式

中央财政将补助资金分配到省，由各省按照试点任务统筹安排，因地制宜采取直接发放现金或折粮实物补助的方式，落实到县乡，兑现到农户。允许试点地区在平均补助水平不变的前提下，根据试点目标和实际工作需要，建立对农户实施轮作休耕效果的评价标准和体系，以评价结果为重要依据实行保基本、重实效的补助发放制度。

四、耕地地力保护补贴项目

（一）总体要求

2015 年，经国务院同意，财政部、农业部选择山东等 5

个省开展试点，将农作物良种补贴、种粮农民直接补贴和农资综合补贴合并为"农业支持保护补贴"，政策目标调整为支持耕地地力保护和粮食适度规模经营。2016年，在总结试点经验的基础上，在全国范围内全面推开农业"三项补贴"改革，明确用于耕地地力保护的补贴资金，补贴对象原则上为拥有耕地承包权的种地农民，补贴发放要与耕地地力提升挂钩，对已作为畜牧养殖场使用的耕地、林地、成片粮田转为设施农用地、非农业征（占）用耕地等已改变用途的耕地，以及长年抛荒地、占补平衡中"补"的面积和质量达不到耕种条件的耕地等不再给予补贴。引导农民综合采取秸秆还田、深松整地、减少化肥、农药用量、施用有机肥等措施，自觉提升耕地地力。

（二）主要目标

引导农民综合采取秸秆还田、深松整地、减少化肥、农药用量、施用有机肥等措施，自觉提升耕地地力。

（三）资金投入

用于耕地地力保护的补贴资金，补贴依据可以是二轮承包耕地面积、计税耕地面积、确权耕地面积或粮食种植面积，具体哪一种类型面积或哪几种类型面积，由省级人民政府结合本地实际自定；补贴标准由地方根据补贴资金总量和确定的补贴依据综合测算确定。用于粮食适度规模经营的补贴资金，重点向种粮大户、家庭农场、农民合作社和农业社会化服务组织等新型经营主体倾斜，体现"谁多种粮食，就优先支持谁"。在实践中，各地结合实际，通过差异化补贴提高农民种粮积极性，如《贵州省2018年农业支持保护补贴实施方案》明确规定，耕地地力保护补贴对象为农村税费改革期间确定的种粮农户，以及在此基础上分户的农户，补贴标准按全省种粮农户计税总产测算，同时通过支持完善农业信贷担保体系，以为粮食适度规模经营主体贷款提供信用担保和风险补偿等方式，推动粮食适度规模经营。

五、农机购置补贴项目

（一）总体要求

农业农村部办公厅、财政部办公厅联合印发《2018—2020年农机购置补贴实施指导意见》，首次对全程全面机械化重点机具全面实行敞开补贴，首次允许进口机具同等享受补贴，首次将新产品补贴试点（含植保无人飞机试点）扩大到全国范围。中央财政资金全国农机购置补贴机具种类范围为 15 个大类 42 个小类 137 个品目。各省（区、市）及计划单列市、新疆生产建设兵团、黑龙江省农垦总局、广东省农垦总局，根据农业生产实际需要和补贴资金规模，按照公开、公平、公正原则，从上述补贴范围中选取确定本省补贴机具品目，实行补贴范围内机具敞开补贴。要优先保证粮食等主要农产品生产所需机具和深松整地、免耕播种、高效植保、节水灌溉、高效施肥、秸秆还田离田、残膜回收、畜禽粪污资源化利用、病死畜禽无害化处理等支持农业绿色发展机具的补贴需要，逐步将区域内保有量明显过多、技术相对落后、需求量小的机具品目剔除出补贴范围。

补贴机具必须是补贴范围内的产品，同时还应具备以下资质之一：①获得农业机械试验鉴定证书（农业机械推广鉴定证书）；②获得农机强制性产品认证证书；③列入农机自愿性认证采信试点范围，获得农机自愿性产品认证证书。补贴机具须在明显位置固定标有生产企业、产品名称和型号、出厂编号、生产日期、执行标准等信息的永久性铭牌。此外，各省可选择不超过 3 个品目的产品开展农机新产品购置补贴试点（以下简称"新产品试点"），重点支持绿色生态导向和丘陵山区特色产业适用机具。农机购置补贴机具资质采信农机产品认证结果和新产品试点具体办法另行规定。鼓励有意愿的省份开展扩大补贴机具资质采信试点。

补贴范围应保持总体稳定，必要的调整按年度进行。对经过新产品试点基本成熟、取得资质条件的品目，可依程序按年度纳入补贴范围。

地方特色农业发展所需和小区域适用性强的机具，可列入地方各级财政安排资金的补贴范围，具体补贴机具品目和补贴标准由地方自定。

（二）主要目标

农机购置补贴支出主要用于支持购置先进适用的农业机械，以及开展农机报废更新补贴试点等方面。鼓励各省积极开展农机报废更新补贴试点，加快淘汰耗能高、污染重、安全性能低的老旧农机具。鼓励相关省份采取融资租赁、贴息贷款等形式，支持购置大型农业机械。

（三）补贴标准

中央财政农机购置补贴实行定额补贴，补贴额由各省农机化主管部门负责确定，其中，通用类机具补贴额不超过农业农村部发布的最高补贴额。补贴额依据同档产品上一年市场销售均价测算，原则上测算比例不超过 30%。上一年市场销售均价可通过本省农机购置补贴辅助管理系统补贴数据测算，也可通过市场调查或委托有资质的社会中介机构进行测算。对技术含量不高、区域拥有量相对饱和的机具品目，应降低补贴标准。为提高资金使用效益、减少具体产品补贴标准过高的情形，各省也可采取定额与比例相结合等其他方式确定补贴额，具体由各省结合实际自主确定。

一般补贴机具单机补贴额原则上不超过 5 万元；挤奶机械、烘干机单机补贴额不超过 12 万元；100 马力（1 马力 ≈ 735 瓦，下同）以上拖拉机、高性能青饲料收获机、大型免耕播种机、大型联合收割机、水稻大型浸种催芽程控设备单机补贴额不超过 15 万元；200 马力以上拖拉机单机补贴额不超过 25 万元；大型甘蔗收获机单机补贴额不超过 40 万元；大型棉花采摘机单机补贴额不超过 60 万元。

西藏和新疆南疆五地州（含南疆垦区）继续按照《农业部办公厅　财政部办公厅关于在西藏和新疆南疆地区开展差别化农机购置补贴试点的通知》（农办财〔2017〕19 号）执行。在多个省份进行补贴的机具品目，相关省农机化主管部门要加强信息共享，力求分档和补贴额相对统一稳定。

补贴额的调整工作一般按年度进行。鉴于市场价格具有波动性，在政策实施过程中，具体产品或具体档次的中央财政资金实际补贴比例在一定范围内浮动（30%左右）符合政策规定。发现具体产品实际补贴比例明显偏高时，应及时组织调查，对有违规情节的，按农业部、财政部联合制定的《农业机械购置补贴产品违规经营行为处理办法（试行）》以及本省相关规定处理；对无违规情节且已购置的产品，可按原规定履行相关手续，并视情况优化调整该产品补贴额。

六、绿色高产创建项目

（一）总体要求

农业部印发的《2017 年绿色高产高效创建年工作方案》明确以绿色发展为导向，以优化供给、提质增效、农民增收为目标，选择一批生产基础好、优势突出、产业带动能力强的县，开展粮棉油糖和园艺作物（水果、蔬菜、茶叶）整建制创建，示范推广绿色高产高效技术模式，推进规模化种植、标准化生产、产业化经营，增加优质绿色农产品供给，引领农业生产方式转变，提升农业供给体系的质量和效率。

（二）主要目标

通过开展绿色高产高效创建，力争实现"四个一批"目标。

1. 集成一批绿色技术模式

根据不同区域资源禀赋和生产基础，每个项目县、每个创建作物集成示范 1 项以上高产高效、资源节约、生态环保技术模式，促进良种良法配套、农机农艺融合，挖掘作物生产潜力。

2. 打造一批绿色高效典型

通过项目带动，着力提高产量、改善品质、降低成本、增加效益，力争项目区节本增效 5% 以上、带动全县节本增效 2% 以上，树立一批典型来带动周边区域均衡发展。

3. 创建一批优质特色品牌

围绕市场需求，以龙头企业为带动，发展订单生产，促进产销衔接，培育知名品牌，打造"一县一品""一乡一品"，实现优质优价。

4. 培育一批新型经营主体

鼓励新型经营主体参与创建，每县培育种植大户、家庭农场、农民合作社、农业企业等新型经营主体 50~100 个，探索专业化、社会化农技推广服务新模式，不断提升创建层次和水平。

（三）资金投入

粮食绿色高产高效创建以县为实施主体，采取自主自愿申报，由各省采取公开方式根据创建任务科学择优确定项目县。具体实施范围、补助内容、补助标准、考核验收等要求由各省结合实际情况确定。

七、测土配方施肥补助项目

（一）总体要求

按照转变农业发展方式的总体要求，坚持"增产、经济、环保"的施肥理念，紧紧围绕推广使用配方肥这个核心，创新资金使用新机制，试点对种粮大户等新型农业经营主体使用配方肥的补贴模式；引导企业、新型农业经营主体和社会化服务组织参与配方肥生产、供应和推广服务；探索政府购买服务的有效方式，创新配方肥推广示范、宣传培训和农化服务新模式，切实推动施肥方式转变，提高配方肥使用率。从 2005 年开始，在全国组织实施测土配方施肥补贴项目，基本覆盖全国所有县级农业行政区。

（二）主要目标

通过测土配方施肥工作的开展，摸清土壤养分状况，普及科学施肥技术，增强农民科学施肥意识，促进农业增产增收和节能减排。

（三）资金投入

2016 年，中央财政安排测土配方施肥专项资金 7 亿元。

八、旱作农业技术项目

（一）总体要求

农业部办公厅、财政部办公厅发布的《关于做好旱作农业技术推广工作的通知》（农办财〔2014〕23 号）要求，根据不同地区气候条件、水资源状况、作物布局和耕作制度，重点针对当地主要粮食作物，确定适宜技术模式，优化布局，突出重点，集中连片，推广应用地膜覆盖技术，实现粮食稳产高产。

（二）主要目标

组织实施旱作农业技术推广项目，在西北、华北干旱、半干旱地区推广地膜覆盖、集雨补灌、膜下滴灌、灌溉施肥、抗旱抗逆等旱作农业技术。

（三）资金投入

中央财政补助资金切块安排到地方，地方各级财政会同农业等有关部门要切实加强资金监管，及时足额拨付资金，并对项目实施情况进行核查验收，一经发现挤占、截留、挪用项目资金的情况，及时纠正并对相关单位和人员按程序作出处理。2014 年投入约 10 亿元，主要支持河北、山西、陕西、甘肃、青海、宁夏和新疆，重点支持种粮大户等新型经营主体。

九、农产品产地初加工补助项目

（一）总体要求

从 2012 年起，中央财政每年专项转移支付资金，启动实施"农产品产地初加工补助项目"。该项目针对种植业，主要扶持马铃薯及蔬菜、水果等种植类企业，在初加工设施建设时，可申请此项资金扶持。农业农村部发布的《2018 年农产品产地初加工补助项目申报指南》指出：农产品产地初加工补助项目主要扶持农产品储藏、保鲜、烘干等初加工设施的建设，重点扶持马铃薯主产区，同时兼顾水果、蔬菜等优势产区；项目实施区域和扶持对象逐步向现代农业示范区、新型经营主体倾斜，推进集中连片建设；通过资金补助、技术指导和培训服务等措施，鼓励和引导农民专业合作社和农户出资，自主建设农产品初加工设施。

（二）补助对象

以农民专业合作社和农户自主建设的农产品初加工设施为主，其中，每个专业合作社补助数量不超过 5 座，每个农户补助数量不超过 2 座。

（三）补助标准

按照中央财政资金对纳入目录的各类设施实行全国统一定额补助，最高补助 34 万元，最低补助 1 万元。

第二节　农业科技创新工程

一、农业科技创新能力条件建设项目

（一）总体要求

根据农业部关于印发《农业科技创新能力条件建设规划（2016—2020 年）》通知（农计发〔2016〕98 号）的要求，提出总体目标：到 2020 年，我国农业科技创新能力条件整体水平显著提高，一大批依靠跨学科、大协作和协同创新的农业科研设施基本建成，"布局合理、技术先进、协作紧密、运行高效、支撑有力"的农业科技创新能力条件保障体系基本形成，部分优势领域和优势学科的设施条件达到世界一流水平，为农业现代化取得明显进展提供有效的科技创新条件支撑。"十三五"期间，围绕农业科技创新体系建设，着力构建以重大农业科学工程为"塔尖"、重点学科实验室为"中坚"、农业科学观测实验站和科学试验基地为"塔基"的"金字塔"形农业科技创新能力条件建设体系框架，并以此统领各项建设任务。主要实施以下工程。

1. 重大农业科学工程

在中国农业科学院、中国水产科学研究院、中国热带农业科学院、农业农村部规划设计研究院开展作物基因型表型鉴定、农业重大气象灾害模拟舱、现代农业智能装备、热带作物种质资源精准评价、海洋渔业船舶与装备、深蓝渔业等大型科研设施（装置）建设，为参与世界农业最前沿的科技争夺助力。开展耕地保育与新型肥料创制、高等级实验动物创制、天然橡胶、热带农业有害生物、热带农业科技国际合作、南海渔业科技创新、远洋渔业、农业遥感应用与研究、农业再生资源综合利用、

水产品质量安全等公共实验设施建设，为有关领域继续保持并跑、领跑优势提供支撑。

主要项目类型：一是专用于研究农业科技前沿技术的大型科研设施（装置）；二是为科学研究提供强大支持的公共实验设施。

2. 重点学科实验室

依据"十三五"农业部重点实验室及农业行业的科研新需求，依托省级以上农业科研机构，建设 165 个重点学科实验室。突出农产品加工、农业信息化、农业机械化、农产品质量安全、产地环境污染防控、资源循环利用、农业功能拓展、草牧业创新、农业遥感、远洋与极地渔业创新、特种经济动植物生物学与遗传育种等领域，通过完善提升一批学科实验室的设备水平，研发一批中小农业专用装置，基本建成布局合理、设备先进、运行高效、数据共享的重点学科实验室体系。

3. 农业科学观测实验站

根据我国综合农业区划、科研用地分布和农业长期性基础性科学研究工作任务需要，围绕"学科群"命名的农业科学观测站开展长期性基础性工作任务，重点建设 138 个农业科学观测实验站，基本形成覆盖全国、结构层次合理、点线面结合的农业科学观测实验站网络。

4. 农业科学试验基地

按照我国综合农业区划，综合考虑科研单位区域分布、土地资源和建设基础，在省级以上农业科研机构布局 30 个综合性农业科学试验基地和 131 个专业性农业科学试验基地，形成覆盖全国、重点突出、功能明确的全国农业科学试验基地网络。

主要项目用途类型：具有一定规模，能开展多学科、多领域科研任务的综合性农业科学试验基地，专门服务于特定研究领域与产业技术，承担某类技术项目研究和产业化配套协作的专业性农业科学试验基地。

（二）主要目标

到 2020 年，显著提高我国农业科技创新能力条件整体水平，基本建成一大批依靠跨学科、大协作和协同创新的农业科研设施，基本形成"布局合理、技术先进、协作紧密、运行高效、支撑有力"的农业科技创新能力条件保障体系，部分优势领域和优势学科的设施条件达到世界一流水平。

（三）资金投入

"十三五"期间，将投入 65 亿元开展建设。

二、现代种业提升工程项目

（一）总体要求

按照国务院关于印发《全国农业现代化规划（2016—2020年）》的通知（国发〔2016〕58 号）和《国务院关于加快推进现代农作物种业发展的意见》（国发〔2011〕8 号）等有关规划和文件的要求，开展现代种业提升工程建设，并明确发展目标。

（二）主要目标

到 2015 年，初步形成科研分工合理、产学研结合的育种新机制，科研院所和高等院校基本完成与其所办种子企业"事企脱钩"；以西北、西南、海南为重点，初步建成国家级主要粮食作物种子生产基地，主要农作物良种覆盖率稳定在 96% 以上；培育一批"育繁推一体化"种子企业，前 50 强企业的市场占有率达 40% 以上；种子法律法规更加完善，监管手段和条件显著改善，通过考核的种子检验机构年样品检测能力达 40 万份，例行监测的种子企业覆盖率达 30%。

到 2020 年，形成科研分工合理、产学研紧密结合、资源集中、运行高效的育种新机制，发掘一批目标性状突出、综合性状优良的基因资源，培育一批高产、优质、多抗、广适以及适应机械化作业和设施化栽培的新品种；建成一批标准化、规模化、集约化、机械化的优势种子生产基地，主要农作物良种覆盖率达97%以上，良种在农业增产中的贡献率达50%以上，商品化供种率达80%以上；培育一批育种能力强、生产加工技术先进、市场营销网络健全、技术服务到位的"育繁推一体化"现代农作物种业集团，前50强企业的市场占有率达60%以上；健全国家、省、市、县四级职责明确、手段先进、监管有力的种子管理体系，通过考核的种子检验机构年样品检测能力达60万份以上，例行监测的种子企业覆盖率达50%以上。

围绕种植业、畜牧业、渔业三大产业，重点支持种质资源保护利用、育种创新、品种测试、区域育种繁育等环节的项目建设。种质资源保护项目重点新建和改扩建一批种质中期库、种质资源圃（库、场、区）、农业野生植物原生境保护区；育种创新项目重点支持以育种为核心，延伸和联结种质资源保护利用、良种繁育、新品种推广环节的育繁推一体化示范项目；品种测试项目重点加强农作物品种测试站、种子检测中心等条件建设，以及生猪、牛、羊、禽等主要畜禽品种性能测定站；制（繁）种基地项目重点支持100个区域性良种繁育基地建设（农业部首批已认定49个）。

（三）资金投入

政府重点支持基础性、公益性项目建设，充分发挥中央投资的引领作用，鼓励社会资本投入，构建多元化投入机制。

三、数字农业农村项目

（一）总体要求

根据《农业部办公厅关于做好2017年数字农业建设试点项目前期工作的通知》（农办计〔2017〕1号）及《2018年数字农业建设试点项目申报指南》（农办计〔2017〕72号）的要求，

重点开展大田种植、设施园艺、畜禽养殖、水产养殖等 4 类数字农业建设试点项目，结合产业类型，支持精准作业、精准控制设施设备、管理服务平台等建设内容。申报主体是农业产业化龙头企业、农民合作社、家庭农场等具有相当规模和信息化基础的种养企业；申报实施主体不超过 3 家。申报项目类别为大田种植、设施园艺、畜禽养殖、水产养殖；主要是信息新技术在产前、产中和产后全产业链的管理、生产、经营和服务四大领域的应用，最终实现数据分析、数据决策、数据说话的智慧农业。

（二） 主要目标

计划到 2020 年，建设数字农业试点 150 个，其中大田 30 个、园艺 45 个、畜禽 45 个、水产 30 个，带动地方建设数字农业项目 300 个。

（三） 资金投入

每个数字农业建设试点项目总投资应在 2 000 万元以上，其中，中央预算内投资不超过 2 000 万元，且不超过项目总投资的 50%，建设单位自筹不低于总投资 40%，并提供出资承诺书。

第三节　农业绿色发展工程

根据农业农村部发布的 2019 年中央农业建设投资计划草案编报工作要求，2019 年，中央投资农业绿色发展工程重点补助 4 个建设项目，具体项目如下。

一、畜禽粪污资源化利用项目

（一） 总体要求

为贯彻落实中共十九大精神，按照中央农村工作会议、中央一号文件、中央财经领导小组第 14 次会议、《国务院办公厅关于加快推进畜禽养殖废弃物资源化利用的意见》（国办发〔2017〕48号）和《关于做好2018年畜禽粪污资源化利用项目实施工作的通知》（农牧发〔2018〕6号）的有关部署要求，2018年中央财政继续支持畜禽粪污资源化利用工作。

牢固树立新发展理念，以绿色生态为导向，坚持政府支持、企业主体、市场化运作，推进规模养殖场源头减量，培育和发展畜禽粪污资源化利用产业，千方百计扩大农用有机肥和沼气利用渠道。通过政策实施，落实地方政府属地管理责任，大幅提高畜牧大县畜禽粪污资源化利用率，支持有条件的地区整省、整市推进畜禽粪污资源化利用，探索完善畜禽粪污资源化利用市场机制，为加快推进农业绿色发展和打赢农业农村污染治理攻坚战提供有力支撑。

（二）主要目标

各级畜牧、财政部门要强化统筹协调，充分调动农业和农村在能源、环保等各方面力量，把政策实施和工作推进有机结合起来，确保源头减量、过程控制、末端利用落到实处，畜禽粪污资源化利用可持续。

1. 推进绿色兴牧

以畜牧大县和规模养殖场为重点，促进畜牧业转型升级和绿色发展。

2. 促进种养结合

统筹考虑资源环境承载能力，加快构建种养结合、农牧循环的可持续发展新格局。

3. 发挥市场作用

统筹用好财政奖补、税收、金融、用地等优惠政策，引导和鼓励社会资本投入，建立可持续运行的粪污资源化利用市场机制。

（三）资金投入

中央财政继续通过以奖代补方式，对畜牧大县畜禽粪污资源化利用工作予以支持。农业农村部、财政部根据全国畜牧大县分布等因素，分省确定 2018 年奖补的项目县控制数量指标。中央财政根据项目县数量测算下达分省奖补资金。中央财政奖补资金分年度安排，2018 年先安排一部分资金，绩效考核合格后再安排后续资金。为提高资金使用效率，在中央财政奖补资金安排上，原则上对猪当量（以生猪、牛存栏量折算猪当量）为 50 万头以下的项目县，累计补助上限为 3 500 万元；猪当量为 51 万~70 万头的项目县，累计补助上限为 4 000 万元；猪当量为 71 万~99 万头的项目县，累计补助上限为 4 500 万元；猪当量为 100 万头以上的项目县，累计补助上限为 5 000 万元。各省可根据中央财政奖补资金规模，结合本地畜禽粪污资源化利用实际情况，自主确定补助方式、对象和标准，总体上要兼顾平衡、突出重点、集中投入。中央财政奖补资金重点支持两方面内容：一是以农用有机肥和农村能源为重点，支持第三方处理主体的粪污收集、储存、处理、利用设施建设，推行专业化、市场化运行模式，促进畜禽粪污转化增值。二是支持规模养殖场，特别是中小规模养殖场改进节水养殖工艺和设备，建设粪污资源化利用配套设施，按照种养匹配的原则配套粪污消纳用地，或者委托第三方进行处理，落实规模养殖场主体责任。各地要发挥奖补资金的引导作用，创新投入机制，通过融资和项目管理模式（PPP 模式）、政府购买服务等方式，撬动金融和社会资本参与畜禽粪污资源化利用，加快建立有效且可持续运营的长效机制。在确保中央财政奖补资金安全的前提下，可通过贷款贴息、设立基金等方式支持畜禽粪污处理基础设施建设。整省、整市推进的地区要切实加大财政投入力度，完善支持政策和监管措施，坚持政策激励与执法监管并重，做到畜牧大县和非畜牧大县同步治理，提前一年实现"十三五"畜禽粪污资源化利用目标任务。

二、农业面源污染综合治理项目

（一）总体要求

农业部办公厅印发《重点流域农业面源污染综合治理示范工程建设规划（2016—2020年）》，明确了农业面源污染防治工作重点，主要支持农业环境突出问题治理中面源污染治理和农业综合开发区域生态循环农业，包括标准化清洁化生产、农作物秸秆综合利用、废弃农膜回收利用试点、农药包装废弃物回收、有机肥替代化肥，兼顾资源利用的多样化和废弃物处理的不同方式。

（二）主要目标

到2020年，建成一批重点流域和区域农业面源污染综合防治示范区，探索形成一批可复制、可推广的技术与模式，为全面实施农业面源污染治理提供示范样板和经验。示范区化肥、农药减量20%以上，村域混合污水及畜禽粪污综合利用率达90%以上，秸秆综合利用率达85%以上，化学需氧量、总氮和总磷排放量分别减少40%、30%和30%以上；全面普及厚度0.01毫米及以上的地膜，当季地膜回收率达80%以上。

（三）资金投入

规划项目所需投资通过中央、地方和社会多渠道筹措，通过政策引导、以奖代补、政府和社会资本合作等方式，积极吸引各类资金参与，充分发挥市场机制，形成多元化的投入格局。各地要鼓励金融机构增加农业面源污染防治的信贷资金，综合运用财政和货币政策，建立政府财政与金融贷款、社会资金的组合使用模式，有效引导各类股权与创业投资机构、大型企业集团等投资重点工程。鼓励符合条件的地方政府融资平台公司通过直接、间接融资方式，拓宽农业面源污染防治投融资渠道，吸引社会资金参与农业面源污染防治。

三、动物防疫补助项目

（一）总体要求

动物防疫等补助经费主要用于动物疫病强制免疫、强制扑杀、养殖环节无害化处理三方面支出。具体实施要求继续按照2017年农业部办公厅、财政部办公厅联合印发的《动物疫病防控财政支持政策实施指导意见》（农办财〔2017〕35号）执行。

（二）主要目标

1. 用于强制免疫补助

主要用于开展口蹄疫、高致病性禽流感和H7N9型禽流感、小反刍兽疫、布鲁氏菌病等动物疫病强制免疫疫苗（驱虫药物）的采购、储存、注射（投喂）及免疫效果监测评价、人员防护等相关防控工作，对实施强制免疫和购买动物防疫服务等予以补助。在完成强制免疫任务的前提下，可统筹用于动物疫病净化工作。各地要积极推进对符合条件的养殖场户实行"先打后补"的补助方式。

2. 用于强制扑杀补助

主要用于国家在预防、控制和扑灭动物疫病过程中，对被强制扑杀动物的所有者给予补偿。纳入强制扑杀中央财政补助范围的疫病种类包括口蹄疫、高致病性禽流感、H7N9型禽流感、小反刍兽疫、布鲁氏菌病、结核病、马鼻疽和马传贫。强制扑杀补助经费由中央财政和地方财政共同承担。

3. 用于养殖环节无害化处理补助

中央财政根据国家统计局公布的生猪饲养量和合理的生猪病死率、实际处理率测算各省份无害化处理补助经费，包干下达各省级财政部门，主要用于养殖环节病死猪无害化处理支出。

各地要根据《国务院办公厅关于建立病死畜禽无害化处理机制的意见》（国办发〔2014〕47号）的有关要求，做好养殖环节无害化处理工作，并按照"谁处理、补给谁"的原则，对病死畜禽收集、转运、无害化处理等环节的实施者予以补助。

（三）补贴标准

根据国家统计局公布的畜禽统计数量和疫苗补助标准等因素，由各省级财政部门根据疫苗实际招标价格和需求数量，结合中央财政安排的疫苗补助资金，据实安排省级财政补助资金。对于需要强制扑杀的禽畜，国家也将予以一定的补贴，平均标准为禽15元/羽、猪800元/头、奶牛6 000元/头、肉牛3 000元/头、羊500元/只、马12 000元/匹。当然，这只是平均的标准，各省份可根据畜禽大小、品种等因素细化补助测算，以地方实际政策为准。

四、畜禽水产标准化创建项目

（一）总体要求

按照农业部办公厅、财政部办公厅《关于做好2016年现代农业生产发展等项目实施工作的通知》（农办财〔2016〕奶号）的要求，各地要继续按照《2014年畜牧发展扶持资金实施指导意见》（农办财〔2014〕60号）的要求，坚持绿色发展理念，大力推进畜禽水产规模养殖场标准化改扩建，进一步改善生产条件，加强质量安全控制和面源污染防治，推广生态健康养殖方式。畜禽规模养殖场改扩建主要支持生猪、蛋鸡、肉鸡、肉牛、肉羊和奶牛。渔业标准化健康养殖重点扶持推进生态、循环、节能、减排的水产健康养殖示范场。南方水网地区要认真贯彻《农业部关于促进南方水网地区生猪养殖布局调整优化的指导意见》（农牧发〔2015〕11号）的要求，加大生猪养殖场粪便处理利用设施改造升级，提升标准化规模养殖水平，促进畜禽养殖与环境保护协调发展。各地在畜禽水产标准化养殖推进中，可结合实际适当调整创建标准。2018 年，农业农村部办公厅《关于开展畜禽养殖标准化示范创建活动的通知》（农办牧〔2018〕27 号）提出继续开展畜禽养殖标准化示范创建活动，进一步突出创建主题，提高创建标准，严格创建要求，新创建一批生产高效、环境友好、产品安全、管理先进的畜禽养殖标准化示范场，增强示范带动效应，加快推进畜牧业现代化。农业农村部《关于开展 2018 年全国水产健康养殖示范创建活动的通知》（农渔发〔2018〕11 号）要求实施依法兴渔，着力强化养殖生产规范管理；实施绿色兴渔，全力促进养殖生态环境保护修复；实施质量兴渔，不断提高养殖产品质量和效益。

（二）主要目标

2018—2025 年，以生猪、奶牛、蛋鸡、肉鸡、肉牛和肉羊规模养殖场为重点，兼顾其他特色畜禽规模养殖场，开展示范场创建活动，通过养殖场申请创建、专家指导、省级验收、材料复核、现场核查、评审确定，每年创建 100 个左右的现代化畜禽养殖标准化示范场，共创建 1 000 个。示范场是指以标准化、现代化生产为核心，生产高效、环境友好、产品安全、管理先进，具有示范引领作用，经农业农村部认可公布的畜禽规模养殖场（含轮牧牧场）。全国水产健康养殖示范创建活动的目标是创建农业农村部渔业健康养殖示范县（以下简称"示范县"）10 个以上；创建（综合提升）农业农村部水产健康养殖示范场（以下简称"示范场"）500 个以上，其中辽宁、江苏、安徽、江西、山东、湖北、湖南、广东等 8 省每省创建（综合提升）30 个以上，河北、吉林、黑龙江、浙江、福建、河南、广西、海南、四川等 9 省（区）每省（区）创建（综合提升）20 个以上，其余省份和大连、青岛、宁波、新疆生产建设兵团各创建（综合提升）10 个以上。

（三）资金投入

在畜牧业方面，2016 年继续选择河北、辽宁、吉林、安徽、福建、山东、河南、湖北、广东、重庆、贵州、甘肃、宁夏等13 个省份开展财政促进金融支持畜牧业试点。试点省份要采用信贷担保、贴息等方式引导和带动金融资本，放大财政资金使用效应，支持畜牧业发展。项目省份的畜牧部门要会同财政部门，强化与金融机构的沟通配合，科学设计试点方案，注重财政资金的安全性和资金使用效益的有机结合，探索满足畜禽养殖企业在规模养殖场建设、设施设备改造及饲料采购等方面信贷需求的有效模式，充分激发畜禽养殖企业的内生活力，进一步提升市场竞争力。在渔业方面，各地要积极争取财政支渔惠渔项目资金，优先支持水产健康养殖示范创建工作。鼓励中央财政渔业油补政策调整一般性转移支付资金向水产健康养殖示范创建单位和县倾斜，重点支持养殖规范管理和池塘标准化改造、工厂化循环水改造、养殖环保设施设备改造等水产养殖基础设施建设。

第四节　新型经营主体培育工程

一、新型合作示范项目

（一）总体要求

根据《国务院关于加快供销合作社改革发展的若干意见》（国发〔2009〕40 号）的要求，从 2011 年开始，供销合作社实施"农业综合开发新型合作示范项目"。主要扶持对象为供销合作社领办的农民专业合作社以及供销合作社兴办的农业产业化龙头企业。

1. 鼓励的项目

鼓励的项目包括：农民专业合作社实施的规模型特色农产品基地项目；龙头企业通过领办农民专业合作社，或由专业合作社直接组织的，将生产、加工、流通紧密联结，形成集约化产业模式的农业综合开发项目。

2. 限制的产业和项目

限制的产业和项目包括：中成药加工、酿酒工业、木材深加工、纺织工业及深海养殖、捕捞项目；列入中国国家重点保护野生动植物名录和有关野生动植物保护国际公约附录的加工流通项目。

3. 不予扶持的项目

不予扶持的项目包括：国家有关部委在粮油加工行业发展指导意见中明确规定不予立项扶持的项目；龙头企业项目对农民增收贡献较少和位于产业链末端的项目。

（二）主要目标

围绕棉花、果蔬、茶叶、食用菌、桑蚕、畜产品、蜂产品等供销合作社传统特色产业实施的农业产业化项目。具体扶持由专业合作社实施的种植养殖基地、加工以及流通类项目；由龙头企业实施的加工及流通设施项目。

（三）资金投入

以扶持农民专业合作项目为主，兼顾龙头企业申报的项目。中央财政资金的70%以上将用于扶持农民专业合作社申报的农业产业化经营项目。

二、新型农业社会化服务体系项目

（一）总体要求

早在1991年，《国务院关于加强农业社会化服务体系建设的通知》（国发〔1991〕59号）指出，要加强农业社会化服务体系建设。近年来，中央一号文件不断对农业社会化服务体系建设提出要求：2013年的中央一号文件要求强化农业公益性服务体系，培育农业经营性服务组织；2014年的中央一号文件要求稳定农业公共服务机构，大力发展主体多元、形式多样、竞争充分的社会化服务；2015年的中央一号文件要求稳定和加强基层农技推广等公益性服务机构，采取购买服务等方式，鼓励和引导社会力量参与公益性服务；2016年的中央一号文件要求支持新型农业经营主体和新型农业服务主体成为建设现代农业的骨干力量；2017年的中央一号文件要求大力培育新型农业经营主体和服务主体，通过经营权流转、股份合作、代耕代种、土地托管等多种方式，加快发展土地流转型、服务带动型等多种形式规模经营。为加快农业社会化服务体系建设，推进农业适度规模经营和供给侧结构性改革，2017年，中共财政安排农业综合开发资金6.53亿元，集中支持237个农业综合开发新型农业社会化服务体系示范项目。主要措施包括以下三个方面：一是开展土地托管服务；二是扶持基层供销合作社和新型农业服务主体；三是推进一二三产业融合发展。

（二）主要目标

1. 开展土地托管服务，搭建为农服务平台

为农业适度规模经营提供保障，推进新型农业社会化服务体系建设。

2. 扶持基层供销合作社和新型农业服务主体

扶持新型农业服务主体能力提升，夯实为农服务和现代农业发展基础。

3. 推进一二三产业融合发展

扶持以涉农企业或农民合作社联合社为龙头，以新型农业经营主体为主体，发展一二三产业融合示范，完善与农民的利

益联结机制，延伸农业产业链价值链，促进农业增效农民增收。

项目建成后，将显著加快新型农业社会化服务体系建设步伐，有力提升农民生产经营组织化、社会化程度，有效推进农业适度规模经营，大力提高农业综合效益和竞争力。

（三）资金投入

农业部会同各部门大力支持完善社会化服务机制，从 2012 年起，中央财政每年安排 26 亿元，实施基层农技推广体系改革与建设补助项目，支持健全基层农技推广体系，开展公益性农技推广服务，实现了农业县全覆盖。2017 年，中央财政安排农业综合开发资金 6.53 亿元，集中支持 237 个农业综合开发新型农业社会化服务体系示范项目。

第五节　农村人居环境治理工程

一、村庄清洁行动

（一）总体要求

中央农村工作领导小组、农业农村部、国家发展和改革委员会、科技部、财政部、自然资源部、生态环境部等 18 个部门联合印发了《农村人居环境整治村庄清洁行动方案》（农社发〔2018〕1 号），组织开展村庄清洁行动。针对当前影响农村环境卫生的突出问题，提出要重点做好"三清一改"。

1. 清理农村生活垃圾

清理村庄农户房前屋后和村巷道柴草杂物、积存垃圾、塑料袋等白色垃圾及河岸垃圾、沿村公路和村道沿线散落垃圾等，解决生活垃圾乱堆乱放的污染问题。

2. 清理村内塘沟

推动农户节约用水，引导农户规范排放生活污水，宣传农村生活污水治理常识，提高生活污水综合利用和处理能力，以房前屋后河塘沟渠、排水沟等为重点，清理水域漂浮物，有条件的地方实施清淤疏浚，采取综合措施恢复水生态，逐步消除农村黑臭水体。

3. 清理畜禽养殖粪污等农业生产废弃物

清理随意丢弃的病死畜禽尸体、农业投入品包装物、废旧农膜等农业生产废弃物，严格按照规定处置，积极推进资源化利用。规范村庄畜禽散养行为，减少养殖粪污对村庄环境的影响。

4. 改变影响农村人居环境的不良习惯

广泛宣传教育，建立文明村规民约，引导农民自觉形成良好的生活习惯，从源头减少垃圾以及垃圾乱丢乱扔、污水乱泼乱倒等不文明行为。

（二）主要目标

以"清洁村庄助力乡村振兴"为主题，以影响农村人居环境的突出问题为重点，动员广大农民群众，广泛参与、集中整治，着力解决村庄环境脏、乱、差问题，实现村庄内垃圾不乱堆乱放，污水乱泼乱倒现象明显减少，粪污无明显暴露，杂物堆放整齐，房前屋后干净整洁，村庄环境干净、整洁、有序，村容村貌明显提升，文明村规民约普遍形成，长效清洁机制逐步建立，村民清洁卫生文明意识普遍提高。

（三）资金投入

鼓励有条件的地方对推进工作较好、完成质量较高的村庄给予适当奖励。中央农村工作领导小组、农业农村部将联合有关部门对工作开展有力、整治效果突出的县（市、区）给予通报表扬，并在媒体上予以公布。将村庄清洁行动开展情况纳入农村人居环境综合评估考核。

二、农村厕所革命

（一）总体要求

要深入贯彻落实习近平总书记关于农村改厕的重要指示，按照李克强总理等中央领导同志的批示要求和中央决策部署，遵从《乡村振兴战略规划（2018—2022 年）》和《农村人居环境整治三年行动方案》的部署要求，理清思路、明确目标、突出重点、稳步推进。各地要建立并落实农村改厕等农村人居环境整治工作"一把手"负责制，压紧压实各级党委政府的领导责任。各地农业农村部门要主动担当，各地各相关部门要积极配合、履职尽责、形成合力。要加大对农村改厕的投入力度，多渠道拓宽投入渠道，争取更多社会资本投入。要大力宣传农村改厕的经验做法、典型模式和主要成效等，让基层干部群众学有榜样、干有遵循，深入推进农村"厕所革命"，不断提高农村人居环境建设水平，增强农民群众的获得感和幸福感，为实施乡村振兴战略、建设美丽中国作出新的贡献。

（二）主要目标

到 2020 年，东部地区、中西部城市近郊区等有基础、有条件的地区，要基本完成农村户用厕所无害化改造，厕所粪污基本得到处理或资源化利用，管护长效机制初步建立；中西部有较好基础、基本具备条件的地区，力争卫生厕所普及率达 85%；地处偏远、经济欠发达等地区，卫生厕所普及率明显提高。

（三）资金投入

中央暂无专项支持，各省财政厅、住建厅等部门联合印发《厕所改造奖补资金管理办法》等文件。如吉林省于 2016 年发布《吉林省农村厕所改造奖补资金管理办法》（吉财建〔2016〕621 号），农村厕所改造奖补资金为省级预算安排的专项用于支持市县开展农村厕所改造的引导类资金，由省财政厅和省住建厅共同管理，执行期限为 5 年。奖补资金分为补助资金和奖励资金两部分。其中，补助资金采取"先预拨、后清算"的方式拨付，依据省住建厅对年度农村厕所改造任务验收结果，省财政按每户 4 000元标准及验收合格数量对市县给予补助。关于奖励资金，对采取 PPP 等市场化模式或政府购买服务方式融资建设及后期运营维护管理效果较好的市县，省财政按每户 100 元给予奖励；对完成或超额完成年度改造任务的市县，省财政给予奖励，具体标准为：县（市）当年完成改造数量在全省平均数（全省年度改造任务/年度改造县（市）总数，下同）以内（含 100%）的部分，按每户 50 元给予奖励；在全省平均数100%~150%（含 150%）的部分，按每户 100 元给予奖励；超过全省平均数 150%的部分，按每户 200 元给予奖励。

三、农垦危房改造

（一）总体要求

农垦危房改造是国家保障性安居工程的组成部分，是国家保障和改善民生、促进社会和谐稳定的重要举措，是农垦广大职工所盼、民心所系的公益性民生工程。为切实做好农垦危房改造各项工作，农业农村部、国家发展和改革委员会、财政部、国土资源部、住房和城乡建设部五部委联合印发了《关于做好农垦危房改造工作的意见》。危房改造在资金投入上实行中央补助，省（区）配套，市县支持，垦区和职工合理负担；在实施步骤上坚持统筹规划，分步推进；在改造方式上因地制宜，改造和新建相结合，宜平则平、宜楼则楼，统一建设和公助私建相结合；在建设标准上坚持经济承受能力与实际需求相协调，严格控制改造成本，让利于民，满足基本住房需求；在组织方式上坚持公开、公平、公正，充分尊重职工意愿，接受群众监督。开展危房改造原则上要在垦区所辖区域内，严禁变相商品性开发。

（二）主要目标

认真贯彻落实国家保障性安居工程建设政策措施，力争用五年时间完成垦区危房改造任务，改善垦区职工群众的居住条件。

（三）资金投入

1. 危房及改造户界定标准

农垦危房是指在垦区国有土地上并符合下列条件之一的居民住房：①破损严重、房龄超过 40 年的房屋以及土坯、泥草等简易结构房屋；②建设部门认定的危房；③基础设施配套、防震等方面达不到规定标准，存在严重安全隐患的房屋；④集中连片、危房面积超过 50% 的居民点。农垦危房改造以户籍在垦区且现居住在垦区所辖区域内危房中的农垦职工家庭，特别是低收入困难家庭为主要扶助对象。

2. 补助和改造标准

中央对农垦危房改造给予补助，根据垦区所处区域的经济社会发展状况，东部省份每户补助 6 500 元，中部省份每户补助 7 500 元，西部省份每户补助 9 000 元；省级财政以中央和省级补助合计不低于 15 000 元标准进行配套，市县级财政、垦区和农场根据经济承受能力适当补助。国家补助改造的基本户型建筑面积为 60 平方米左右，超出面积标准的部分不享受补助，各地在户型设计上可根据职工意愿和本地实际情况适度调整。

四、非正规垃圾堆放点排查和整治工作

（一）总体要求

为贯彻落实中共中央办公厅、国务院办公厅关于印发《农村人居环境整治三年行动方案》的通知精神，住房城乡建设部、生态环境部、水利部、农业农村部印发《关于做好非正规垃圾

堆放点排查和整治工作的通知》（建村〔2018〕52 号），要求各地重点整治垃圾山、垃圾围村、垃圾围坝、工业污染"上山下乡"，积极消化存量，严格控制增量。

（二）主要目标

到 2020 年年底，基本遏制城镇垃圾、工业固体废物违法违规向农村地区转移的问题，基本完成农村地区非正规垃圾堆放点整治。

对城乡垃圾乱堆乱放形成的各类非正规垃圾堆放点及河流（湖泊）和水利枢纽内一定规模的漂浮垃圾，逐县（市、区）组织开展一次地毯式排查。

建立排查整治工作台账，包括位置、主要成分、堆放年限、堆体规模、整治方法、责任人等。

根据本地区垃圾终端处理设施容量、自身经济条件、非正规垃圾堆放点污染程度等因素，制订工作方案，明确到 2020 年年底前的整治工作目标和年度工作任务、具体责任部门、监督检查办法。

根据非正规垃圾堆放点位置、堆体规模、周边环境等情况，评估污染程度、风险等级和开挖条件，一处一策确定整治技术方法并开展整治。

建立整治滚动销号制度，完成一处、销号一处。

建立非正规垃圾堆放点整治全流程管理清单，并对监管过程进行记录，坚决防止垃圾污染转移现象。

（三）资金投入

无资金补助。

五、村级公益事业建设一事一议财政奖补项目

（一）总体要求

根据《村级公益事业建设一事一议财政奖补资金管理办法》

（财预〔2011〕561号），一事一议财政奖补资金是指中央和地方各级财政安排的专项用于村级公益事业建设一事一议财政奖补项目的资金。一事一议财政奖补项目主要是以村民一事一议为基础的"村内户外"公益事业建设项目，包括村内道路、桥涵建设、村内小型水利建设、村民饮用水工程、村内公共环卫设施、村内公共活动场所、村容美化亮化、新能源设施和村民认为需要兴办的集体生产生活等其他公益事业项目。国有农林场、农垦企业、农村新社区公益事业建设参照村级公益事业纳入财政奖补范围。中央和地方各级财政安排专项用于村级公益事业建设一事一议财政奖补项目，提高资金使用效率。

（二）主要目标

中央和地方各级财政安排专项用于村级公益事业建设一事一议财政奖补项目的资金管理，通过奖励和补助，帮助农民解决一家一户难以办到的村内户外的公益事业，提高资金使用效率。

（三）资金投入

根据财政部发布《村级公益事业建设一事一议财政奖补资金管理办法》（财预〔2011〕561号），及财政助力脱贫攻坚、支持农业农村发展等方面的各项政策，地方各级财政部门统筹安排。以福建省为例，从2013年开始，一事一议筹资筹劳限额标准按绝对数额确定，一年内每人筹资不得超过20元，每个劳动力一年筹劳不得超过3个工作日。筹劳要按项目建设实际需要合理确定数量，不需农民投工或农民投工难以完成的，不得筹劳；自愿以资代劳的，工价标准不得超过每个工日50元。

主要参考文献

刘奇，2019. 乡村振兴，三农走进新时代［M］. 北京：中国
　　发展出版社.

陆超，2020. 读懂乡村振兴：战略与实践［M］. 上海：上海
　　社会科学院出版社.

肖金成，胡恒洋，等，2020. 中国乡村振兴新动力［M］. 北
　　京：中国农业出版社.

于水，2019. 从乡村治理到乡村振兴：农村环境治理转型研
　　究［M］. 北京：中国农业出版社.

袁建伟，2020. 乡村振兴战略下的产业发展与机制创新研究
　　［M］. 杭州：浙江工商大学出版社.